康熙几暇格物

古法今观——中国古代科技名著新编

[清] 爱新觉罗·玄烨 著

郭丽娜 编译

江苏凤凰科学技术出版社

图书在版编目（ＣＩＰ）数据

康熙几暇格物 ／（清）爱新觉罗·玄烨著 ；郭丽娜译 . —— 南京 ：江苏凤凰科学技术出版社，2017.1
（古法今观 ／ 魏文彪主编 . 中国古代科技名著新编）

ISBN 978-7-5537-7636-1

Ⅰ . ①康… Ⅱ . ①爱… ②郭… Ⅲ . ①自然科学史－中国－清代 Ⅳ . ① N092

中国版本图书馆 CIP 数据核字 (2016) 第 314146 号

古法今观——中国古代科技名著新编

康熙几暇格物

著　　　者	〔清〕爱新觉罗·玄烨
编　　译	郭丽娜
项 目 策 划	凤凰空间／翟永梅
责 任 编 辑	刘屹立
特 约 编 辑	翟永梅

出 版 发 行	凤凰出版传媒股份有限公司 江苏凤凰科学技术出版社
出版社地址	南京市湖南路 1 号 A 楼，邮编：210009
出版社网址	http://www.pspress.cn
总 经 销	天津凤凰空间文化传媒有限公司
总经销网址	http://www.ifengspace.cn
经　　销	全国新华书店
印　　刷	北京市十月印刷有限公司

开　　本	710 mm×1 000 mm　　1/16
印　　张	10.5
字　　数	188 千字
版　　次	2017 年 1 月第 1 版
印　　次	2023 年 3 月第 2 次印刷

标 准 书 号	ISBN 978-7-5537-7636-1
定　　价	39.00 元

康熙画像

爱新觉罗·玄烨就是我们所熟知的康熙皇帝，他是中国历史上在位时间最长的皇帝。他智擒鳌拜、平定三藩、收复台湾、驱逐沙俄、大破准噶尔等政绩可谓家喻户晓。

除了卓越的政治作为，康熙帝在闲暇之余撰写的《康熙几暇格物》一书，可谓是一部自然百科全书。此书从自然现象、古生物、生物、人情、科学验证等各个方面进行了论述，其中的某些观点甚是符合现代的科学道理，特别是科学验证方面。作为一代帝王，其求是求真的治学态度尤其值得今人学习。书中某些篇章的遣词造句更是充满诗情画意，从中可以领略到康熙大帝不为人知的一面。

本书对《康熙几暇格物》一书的全部内容，采取原典、注释、译文以及古法今观等栏目进行呈现，同时结合现代阅读需要配以适当的插图，实现了古籍新编的知

康熙"敬天勤民"檀香木异兽钮方玺

识性与趣味性相结合的特点。

原典中的多数观点是正确的，但是由于当时的认识和科学技术的局限性，书中的某些观点存在一定误解。比如对"化生"的记述说一种生物是由另一种生物变成的，特别是"谷穗成蚊"之论，增加了迷信的色彩，具有演义性质；关于"海鱼化鹰"之论同上有着相似论述；关于"水底有风"的结论，现在看来显然是不合理的，解冻本是自然的变化，与水底有风没风毫无关系；另外，关于猛犸象见风就死的说法也具有不合理性。虽然这些观点有悖常理，但这些有悖常理的记述也增加了古籍的趣味性和可读性，使今人能够更全面地了解古人。书中其他不符合现代理论的观点，读者在阅读时可以加以辨析。

历来研究《康熙几暇格物论》的学者大家不胜枚举，为了传承中国古典文化，让世人了解中国古代的地理风情及自然现象，再次新编，以飨读者。

编译者
2017 年 1 月

目 录

上之上

上之上卷带你领略花海子的美丽、蒙气的朦胧、窝集的优美；感受各地方言的特色、鸟鼠同穴的怪诞、使鹿使犬的技能；探知地绝处的光亮、雪上灌溉良田的益处、冰厚数尺不融的道理、雷声不过百里的奥秘；明白物性使然的白粟米、南北方果蔬季节的差异、哈密瓜香甜的要因；分享谷穗变蚊的笑谈、海鱼化鹰的假论、达发哈鱼驮人过河的戏说；领略土伯特的雪山、察哈延山的火焰、三门峡的激流、山海关的雄浑、洁白如玉的石盐、妙趣横生的石鱼。

鼠 穴

火 山

闪 电

溶 洞

雪 山

星宿海

原典

黄河发源星宿海①。后人以星宿②之名，疑黄河从天上来，非也。朕尝遣侍卫西穷河源，至星宿海，蒙古名鄂敦他腊③（鄂敦即星，他腊即野）。地上飞泉杂涌，成水泡千百。从高下望，大小圆点烂如列星，故名星宿耳。朕亲征厄鲁特④时，于宁夏⑤回銮，出横城口⑥，自船站登舟顺河而下，至湖滩河所⑦二十一日，皆前人未施舟楫之地，波流起瀚，水色黄浊，日光摩荡，闪铄如熔金，船中上下人员无不目眩也。

译文

黄河发源于星宿海。后人因星宿之名，猜测黄河是从天上来的，这就不对了。我曾经派遣侍卫去西部彻底考察黄河的发源地，到达了星宿海。那地方蒙古语叫作"鄂敦他腊"（"鄂敦"是星，"他腊"是野）。地面上的飞泉没有次序地到处喷涌，形成千百个水泡。从高

注释

①星宿海：位于青海鄂陵湖以西的浅湖群，罗列如星，故名"星宿海"。在其西南一百余里为卡日曲。

②星宿：星辰的泛称。

③鄂敦他腊：蒙古语之汉文注音。意为星宿海一带的原野。而星宿海蒙古语为"鄂敦淖儿"。

④厄鲁特：清代西部蒙古族各部的称呼，分布于今青海及以北到蒙古人民共和国一带地区。

⑤宁夏：今宁夏回族自治区首府银川市。

⑥横城口：即横城堡，位于今宁夏银川市东南黄河岸上。

⑦湖滩河所：即湖滩河溯，在今内蒙古托克托县城关镇东南黄河北岸。

星宿海

处往下望，大小圆点（水泡）像天上的星宿那样灿烂，所以取名"星宿"。我亲征厄鲁特时，经宁夏回京城，出横城口，自船站登舟顺黄河而下，到湖滩河所，经过二十一天，都是前人未能驾舟去过的地方，波涛起伏浩瀚，水色黄浊，日光照射其上随波荡漾，闪烁的光芒犹如熔化了的金子，船上的人没有不目眩的。

康熙字典

黄河之源

古人以为星宿海就是黄河之源，星宿海，藏语称"错岔"，意思是"花海子"。这里的地形是一个狭长的盆地，东西长 30 多千米，南北宽 10 多千米。"错岔"是因为黄河之水行进至此，由于地势平缓，河面骤然展宽，流速变缓，四处流淌的河水，在这里形成大片沼泽和众多的湖泊。"花海子"寓意登高远眺，湖泊在阳光的照耀下，熠熠闪光，宛如夜空中闪烁的星星，星宿海之名由此而来。

唐宋以来，曾长期将星宿海称为黄河源头。元朝专使都实奉命勘察河源后，说河源在"尕甘思西部，履高山下瞰，灿若列星"，说的依旧是星宿海。直到清代专使拉锡阿弥达才西逾星宿海，经过实地勘察，认为阿勒坦郭勒河（今卡日曲）为黄河上游。

现今经过地理学家的严格考证，黄河河源由扎曲、约古宗列曲、卡日曲三部分组成，扎曲大部分已经干涸；以五个泉眼促成的卡日曲流域面积最大，在旱季也不干涸，其最长支流那扎陇查河是黄河的正源；约古宗列曲，仅有一个泉眼，星宿海星罗棋布的美丽湖泊风景早不复存在，可见的只有干涸的湖底、荒芜的戈壁。

黄河之源

蒙 气

康熙几暇格物

古法今观——中国古代科技名著新编

原典

蒙气^①离地甚近，四十度以上即不用蒙气表^②矣。故地方高朗清处，皆无蒙气。近有测量地里图人^③早行，晨鸡未发，忽见天际如日方升，林木村舍依稀辨色，须臾昏黑如故。移时东方始明，盖日在地平之下，光映蒙气而浮上也。正如置钱碗底，远视若无，及盛满水时，则钱随水光而显见^④矣。

注释

①蒙气：地球大气层。

②蒙气表：蒙气差表。由天体射到地面的光线通过大气层而发生的折射现象，由此而引起的折射率统称之为蒙气差（也叫大气折射）。

③测量地里图人：清康熙四十七年到五十七年（1708—1718）在全国大部分地区进行地图测量，由中国人和西洋在华传教士共同参加。

④钱随水光而显见：光线由大气进入另一种介质（水）而发生折射的结果。道理和蒙气差是一样的，但说得不清楚。

日出时的雾气

译文

大气层距离地面很近，在地平线 40°以上，就不用蒙气表了。因此地势较高而又清朗的地方，都没有蒙气。最近有测量地理图的人，早晨在野外，当鸡未叫时，忽然见到天边像太阳刚升起的样子，林木、农村房屋，仿佛都能辨别出来，但很快昏黑如故。过一会儿，东方才开始明亮，这是因为太阳在地平线之下，太阳光经大气层的折射而呈现向上浮的结果。这就像把一枚铜钱放在碗内，从远处观察似乎看不见，到添满水时，铜钱就随着水光而显露出来了。

神奇蒙气

康熙帝告诉人们，蒙气之神奇在于蒙气的高度不同、稀薄不同，同时蒙气还有折射的作用。

现代科学解释，蒙气就是现在的大气层。大气随着高度的不同而密度不同，这证实了康熙的观点。同时通过研究发现，地球表面上的大气是由折射率不同的许多水平气层组成的，光线从一个气层进入下一个气层时，要改变方向，这个改变就是康熙说的映射，今天物理学上叫折射。越是接近地平线折射效应就越明显，我们看到的靠近地平线的星星的位置，是大气折射的结果，它们要比实际位置高 37 分（一分为六十分之一度），这种效应叫作蒙气差。

同样的道理，太阳光在大气中也要发生折射。清晨太阳从地平线上刚刚升起，我们看到太阳处于地平线的上方，但实际我们看到的是太阳处在地平线的下方时发出的光，是太阳的像。纵然光芒万丈，但是绝不会刺眼。

自然之气

方 音

原典

朕巡历七省，土俗民风，皆留心体察。凡各省分界处，其土人语音皆异，如直隶^① 各府^② 所属声口，间有不同，而亦不甚相远。若一入德州^③ 界，便是山东语音，一入固关^④ 界，便是山西语音，以至江浙，无不如此。盖分隶各省故也。蒙古部落虽多，其语言总无大异，以咸在郭毕^⑤ 也。（郭毕即瀚海，其地多砂石，少草木）。至其地者，一见而知其为郭毕，犹至窝集者，一见而知其为窝集也（窝集者，密树丛林冬夏不见天日）。

注释

① 直隶：包括区域相当于今河北省、北京市、天津市和内蒙古的赤峰市等地。

② 府：清代省下的行政建制。

③ 德州：山东省最北与直隶省相邻的一个州。治所在今山东德州市。

④ 固关：位于直隶省与山西省交界处的山西省一侧，在今山西省阳泉市以东。

⑤ 郭毕：蒙语的汉文译音，今汉译为戈壁，意为沙漠。

译文

我巡视过七个省份，对各地民众的风俗习惯，都注意了解。凡各省间的分界处，当地人的语音就有差异，如直隶省各府之间所属声调口音，虽偶有不同，但是差得不太远。如果一进入德州界便是山东口音，一进入固关界便是山西口音，以至江苏、浙江，无不如此。这是因为分别属于各省的缘故。蒙古部落虽然较多，但其语言都没多大差异，因为都生活在郭毕（郭毕即瀚海，其地多砂石、少草木）。到那里的人，一看就知道是郭毕，就像到窝集，一看就知道是窝集那样（窝集是原始森林，密树丛林，冬夏不见天日）。

康熙出巡图

地域决定方言

康熙皇帝很注意观察，在巡游途中听到了直隶、山东、山西、江浙、内蒙古以及窝集地区语言的差异，并且指出这种方言特色的形成是因为分别属于各省的缘故，也就是地域的缘故。

现在文字研究专家指出地方语言（常简称为方言）就是指一个特定地理区域中某种语言的变体，是一种独特的民族文化，它传承千年，有着深厚的文化底蕴。方言分地域方言和社会方言。地域方言是语言因地域方面的差别而形成的变体，是全国地方方言的不同地域上的分支，是语言发展不平衡性在地域上的反映；社会方言是同一地域的社会成员因为在职业、阶层、年龄、性别、文化教养等方面的社会差异而形成不同的社会变体。我国人口多、面积广，方言复杂。按照现代习惯划分，可分为七大方言区，即北方方言（官方方言）、吴方言、湘方言、客家方言、闽方言、粤方言、赣方言。

我国在西汉的时候对方言就有较深的研究。《輶轩使者绝代语释别国方言》，简称《方言》，为西汉扬雄（公元前53—公元18年）所作，是我国最早的一部方言著作。《方言》不仅是中国语言学史上第一部对方言词汇进行比较研究的专著，在世界语言学史上也是一部开辟语言研究的新领域，独创个人实际调查的语言研究的新方法的经典性著作。

窝　集

原典

窝集 ① 东至海边 ②，接连乌喇黑龙江 ③ 一带，西至俄罗斯 ④，或宽或窄，丛林密树，鳞次栉比，阳景罕曜。如松柏及各种大树，皆以类相从，不杂他木。林中落叶常积数尺许；泉水、雨水至此皆不能流，尽为泥滓，人行甚难。其地有熊及野豕、貂鼠、黑白灰鼠等物，皆资松子、橡栗 ⑤ 以为食。又产人参及各种药料，人多有不能辨识者，与南方湖南、四川相类。

注释

① 窝集：当时吉林、黑龙江一带的原始森林。

② 海边：指日本海西岸。

③乌喇黑龙江：乌喇即吉林，乌喇黑龙江就是吉林、黑龙江，泛指吉林省、黑龙江省广大地区。

④俄罗斯：即现在的俄罗斯。当时沙俄势力仅及贝加尔湖以西，所以文中说"西到俄罗斯"。

⑤橡栗：柞树果实，形状和颜色像栗子，但较细长。

译文

"窝集"东到海边，连接吉林、黑龙江一带，西到俄罗斯，或宽或窄，丛林密树，鳞次栉比，太阳光很少能照进去。像松柏及各种大树都是相同种类的生长在一起，不杂生其他树木。林中落叶常常堆积几尺厚，泉水、雨水到这地方都不能流动，到处泥泞，行走很困难。那里有熊和野猪、貂鼠、黑白灰鼠等动物，都是以松子、橡栗等为食。还出产人参以及各种药物，其中有许多药材还不能辨认，与南方的湖南、四川差不多。

窝集的意思

原始森林

康熙皇帝说的"窝集"，就是指原始森林。康熙指出了当时窝集的分布地区、窝集地区的树木特点、自然生态等。

我们研究窝集的历史知道，康熙曾写窝集诗："松林黯黯百十里，罕境偏为麋鹿游。雨雪飘潇难到地，啼鸟野草自春秋。"可见当年原始森林蔚为壮观的场景。清朝窝集非常普遍，《清史稿》记载原有大小48个窝集，大者千余里，小者百数十里。1860年《中俄北京条约》签订后，俄国从我国划走17个窝集，剩下31个。日本侵占东北14年的砍伐以及后来我国用于建设、垦荒、烧柴等的过度砍伐，31处原始森林几乎全部遭到破坏，现存最完整的一处是长白山保护区昔日称为纳禄窝集的原始森林，意为"海青"。

随着时代的发展，窝集后来渐渐被人类占领，变成了人们居住的村镇，窝集的原始状态多已不复存在，但还是保留下一些窝集的地名，如吉林蛟河云冈镇的窝集口村、老爷岭的纳穆窝集、纳鲁窝集、吉林市东南纳泰窝集、呼玛尔窝集山等。

鸟鼠同穴

原典

　　天地之大，奇异甚多，经典所载必有证据，后人因未亲知实见，故疑而弗信。如《禹贡》①"导渭②自鸟鼠同穴"，孔安国③传云："鸟鼠共为雌雄，同穴而处。"④蔡沈⑤谓其说怪诞不经，此特蔡沈未尝身至其地耳。张鹏翮⑥奉命往俄罗斯，经过地方见鸟鼠同穴事，朕曾面询之，知《禹贡》之言不诬。

译文

　　天地很大，奇异的事情太多了。古书上所记载的必定都有证据，后代人因为没有亲自见到，所以怀疑，根本不相信。例如《禹贡》记载"导（疏导）渭自鸟鼠同穴"，孔安国《尚书传》说："鸟鼠共为雌雄，同穴而处。"蔡沈认为这种说法怪诞不经，这主要是蔡沈没有亲自到过那种地方的缘故。张鹏翮曾奉命去俄罗斯，所经过的地方就有鸟鼠同穴这种事情，我曾当面询问过他，知道《禹贡》中所说的话不是骗人的。

注释

　　①《禹贡》：《尚书》中的一篇，是我国最早的地理志。

　　②渭：黄河的一个支流，流经甘肃、陕西，在潼关附近入黄河。

　　③孔安国：西汉时学者，孔子后人。《尚书传》相传为孔安国所写。

　　④原书只有"共为雌雄"，而无"同穴而处"四字，"同穴而处"似为康熙帝所加。

　　⑤蔡沈：蔡沈（1167—1230）南宋学者，著有《书集传》《书经集传》等。

　　⑥张鹏翮：张鹏翮（1649—1725）清初外交家。

鸟鼠同穴

鸟鼠同穴奇趣

　　康熙皇帝在论述一个有趣的生物界现象，他从《禹贡》的典故导出，通过批评蔡沈的观点和清代外交家的亲眼所见论证这个生物现象真实。

　　现代生物学家已经能够很好地解释这一现

象，青藏高原地区的天气变化无常，年平均气温只有−1.5℃，夜里时常出现霜雪，加之植物种类很少，几乎没有高树，生活在这里的鸟儿无法筑巢，只能栖息在洞穴之内，久而久之有的鸟就失去了飞翔的能力。最有代表性的是褐背地鸦，长久不飞翔，翅膀退化，双腿发育十分强健。它白天在外觅食，晚上钻进老鼠洞穴，并在洞内产蛋、育雏。在塔克拉玛干的沙漠地区，因老鼠白天视力很差，在鼠洞里生活着云雀、百灵就用歌声为老鼠遇敌时报警，通知老鼠及时躲避危险。老鼠在里面打洞，鸟儿为其站岗放哨。鸟儿有时站在鼠背上，啄食老鼠身上的寄生虫，鸟鼠同穴的奇特现象是大自然的生存法则，也是动物互惠互利的合作典范。

青藏高原雪山与青草地

白粟米

原典

粟米①（《本草》②粟米即小米），有黄、白二种，黄者有粘有不粘，《本草注》云：粟，粘者为秫③，北人谓为黄米是也。惟白粟则性皆不黏。七年前乌喇地方，树孔中忽生白粟一科，土人以其子播获，生生不已，遂盈亩顷。味既甘美，性复柔和。有以此粟来献者，朕命布植于山庄④之内，茎、干、叶、穗较他种倍大，熟亦先时，作为糕饵，洁白如糯稻，而细腻，香滑殆过之。想上古之各种嘉谷，或先无而后有者概如此。可补农书所未有也。

注释

① 粟米：为一年生禾本科植物，俗称谷子，去壳叫小米。

②《本草》：似指《神农本草》。

③ 秫：指粒小而黏的谷物，米色黄，故叫黄米。

④ 山庄：今河北省承德市"避暑山庄"，是清朝帝王的行宫，历代皇帝在夏季多到此处避暑，故称为"避暑山庄"。

神农本草

译文

粟米（《本草》："粟米即小米"），有黄色和白色两种，而黄色粟米又有黏的和不黏的区别，《本草注》说，黏的粟米是秫，北方人叫作黄米。唯独白色粟米都不黏。七年前在吉林的一个地方，在树孔中忽然生长了一棵白粟，当地人把其种子播种而得到收获，从此繁衍不断，以至于达到成亩成顷的播种。白粟的味道甘美，性又柔和。有人把此种粟送来进贡，我命人种植于山庄之内，它们的茎、干、叶、穗比其他粟大一倍左右，成熟也较早。做成的糕饼等食品洁白像糯米做的，而细腻、香滑超过了糯米成做的食品。推测上古时各种好品种的谷物，或原来没有而后来又有的，大概都是这样。这可以补充农书的不足。

粟米颜色

康熙帝在论述粟米时，简述了白色与黄色粟米的不同颜色、不同的产量、不同的生长周期。关于山庄之内白粟米来源于吉林地区的历史可能是真的，但是对于吉林人对白粟米的发现，无法考证，而且物种选择与良种传播的方法一直在传承。

历史研究证实，最早的粟米是由野生的"狗尾

黍　米

草"选育驯化而来的，在中国约有 8000 多年的栽培历史。因其喜温性、耐干旱且不怕酸碱，早在夏商时期北方黄河流域就广泛种植，成为中国古代的主要粮食作物，也是古代酿酒的主要原料之一。另外秸秆可用来做饲料，因此形成历史上夏代和商代的"粟文化"。粟不是只有黄白之分，"粟有五彩"，有白、红、黄、黑、橙、紫各种颜色的小米，也有黏性大小的区别。今天世界各地栽培的小米，都是由中国传去的，中国种植面积最大，多分布在黄河中下游地区、东北、内蒙古等地。小米具有"治反胃热痢、益丹田、补虚损、开肠胃"的功效，可单独煮熬，亦可添加大枣、红豆、红薯、莲子、百合等，熬成风味性能各异的营养品。

使鹿使犬

原典

赫真飞雅喀[①]、鄂罗春其稜[②]四种地方在东北海边，其人不事树艺，惟以鱼为食，以鱼皮为衣。其地不产牛马家畜，赫真飞雅喀使犬；鄂罗春其稜使鹿，以供负载，皆驯熟听人驱策。往日归化者甚众，前岁遣人至彼，又有无数野人投顺，其土俗约略相同也。

注释

① 赫真飞雅喀：居住在我国东北"三江平原"与完达山一带的少数民族，当时主要以鱼为衣食，善使犬。现在称为赫哲族。

② 鄂罗春其稜：居住在我国内蒙古东部呼伦贝尔市及黑龙江省北部的少数民族，并不居于东北海边，主要以狩猎为生，即现在的鄂伦春族。"鄂伦春"的一种解释是"使用驯鹿的人"。

狗拉雪橇

译文

赫真飞雅喀、鄂罗春其稜四种地方在东北的海边，那里的人不从事耕种，而以鱼为食物，用鱼皮做衣服。那地方也不出产牛马等家畜，赫真飞雅喀人使用狗，而鄂罗春其稜人使用鹿，用来驮载东西，这些狗、鹿都是经过人工驯养的，听从人们驱使。过去那里归顺的人很多，前年派人到那里，又有无数当地人归顺，他们的风土习俗大体是相同的。

用犬使鹿的民族

康熙帝主要介绍了赫哲族与鄂伦春族的生活特点，因为民族生活地域、生活方式的不同，赫哲族用狗、鄂伦春族用鹿成为日常生活的一大特色。

"赫哲"一词有"下游"或"东方"之意。赫哲族的历史可追溯到6000多年前，主要分布在黑龙江省同江县、饶河县、抚远县。以鱼肉、兽肉为食，赫哲族人穿的衣服也多半是用鱼皮、狍皮和鹿皮制成，是中国北方唯一的以捕鱼为生、用狗拉雪橇的民族。因为狗可以追踪、捕猎猎物，可以保护主人免受攻击，还是主人捕猎过程中打发时间的好伙伴。赫哲族人具有对狗的高度尊重，从来不吃狗肉，并且有一套完整的训狗技术。

"鄂伦春"是民族自称，意为"山岭上的人"或"使用驯鹿的人"。鄂伦春族人崇拜自然物，相信万物有灵，盛行对祖先的崇拜。鄂伦春人长期以狩猎生活为主，采集和捕鱼为辅，主要居住在大兴安岭山林地带，人口数为8000多人。驯鹿作为较温顺的动物之一，在原始社会的鄂伦春族代表一种富有与安全，经考证鄂伦春人狩猎时骑马带犬，使用驯鹿可能是很久远的事了。

拉车的驯鹿

哈密引雪山水灌田

原典

　　哈密^①地方终岁不雨，间有微雨，沾土即止。亦无雾露，惟冬月有雪。而每年庄田丰熟无旱干之虑者，以引雪山之水。大者为渠，小者为沟，足资灌溉。非如内地必仰藉雨泽也。又其地多暑，往岁有回子^②二百余人，朕因噶尔旦事发^③令居杭州，常念水土不同，恐其不能耐热，及回京时无一人疾病。询之，云：哈密、土鲁番^④之热，更甚于杭州，但土地高燥，有凉水可以解暑，杭州至三伏时，则井、泉、河水皆温，不能解炎暑耳。

雪水灌溉

注释

　　① 哈密：在今新疆维吾尔自治区东部。

　　② 回子：这里大约是指居住于哈密一带的维吾尔族等少数民族。

　　③ 噶尔旦事发：噶尔旦又作葛尔丹，是十七世纪时，经篡权而成为厄鲁特蒙古族一支准噶尔部的统治者，于康熙二十七年（1688）发动反叛，向喀尔喀蒙古进攻，并企图进攻北京。康熙帝于二十九年（1690）第一次亲征噶尔旦叛军。

　　④ 土鲁番：即今新疆乌鲁木齐市东南的一个地区。

译文

　　哈密地方终年不降雨，即使有点小雨，也是湿土就止。也没有雾和露，唯独冬天有雪。而每年使庄稼丰熟没有干旱之忧的是引用雪山上的水。水量大的形成渠，小的形成沟，足够灌溉之用。不像内地那样，必须依赖下雨。另外，哈密地方较热，前几年有回族人200多人，我因葛尔丹事发，而让他们居住杭州，我常常考虑着水土不同，怕他们不能耐暑，等我回北京时知无一人生病。询问他们，回答说：哈密、吐鲁番地方之热比杭州还厉害，但是那里地势高而干燥，并且有凉水可以解暑，而杭州三伏时则井、泉、河水都温热了，不能解炎暑。

新疆哈密

谷穗变蚊

原典

策妄阿喇布坦①地方多种水田，颇无旱潦之患。惟或一年谷穗变蚊而飞，撚视之，为水或为血。朕曾遣侍卫②到彼亲见其事。尝阅《岭南异物志》③云：岭表④有树，结实如枇杷，每熟即拆裂，蚊子群飞，土人谓之蚊子树。此与谷穗变蚊之事相类。程子⑤曰："天下之物必有对。"即此可见矣。

注释

①策妄阿喇布坦：地名，具体位置不详。

②侍卫：官名，御前侍卫，是直接保卫皇帝的武官。

③《岭南异物志》：唐代孟琯撰，原书已佚，后人有辑本。

④岭表：岭南，实指广东、广西五岭之南。

⑤程子：指北宋哲学家程颢（1032—1085）、程颐（1033—1107）兄弟。

译文

策妄阿喇布坦地方多种水田，基本没有旱涝的祸患。只是有一年谷穗变蚊而飞出，用手把蚊子捻死了，看到的是水或血。我曾派遣侍卫到那里实际查看这件事。以前曾经读过《岭南异物志》，书中说：岭表有一种树，结的果实像枇杷，每当成熟时就裂开，蚊子成群飞出，当地人称之为"蚊子树"。这和谷穗变蚊之事相类似。程子说："天下之事必有对。"由此事可得到证实了。

蚊子树揭秘

康熙帝记述谷穗变蚊的说法不合常理，虽然派侍卫前往验证，这也可能是个巧合或者异象。但是关于蚊子树的说法确有其事。唐代张肇曾撰文说"南方有种枇杷树，果实成熟后，果壳炸裂，蚊子飞出"。康熙帝所指之事可能为此。

现代生物科技已经能解释这一现象，树木生蚊子只是表象，因为蚊子日常的食物是树汁、花蜜，从树汁、花蜜里面吸收糖分维持代谢。蚊子吸血其实并不是为了"果腹"，而是为了传宗接代。因为雌蚊需要摄入血液中的蛋白质促进卵巢发育成熟，才能够产卵。如此看来果实炸裂，蚊子才有机会吸取枇杷的果汁。人们发现的蚊子是后来为了觅食飞入的，并非树木自动生长的。

蚊子树

土伯特

原典

今之土伯特①地方，想即唐之回纥②也。德宗③时，尝以公主妻之，至今其地尚有下嫁时物，以此考之，知为回纥旧地无疑。

注释

①土伯特：即今西藏及其附近地区的总称。清康熙中封第巴桑杰为土伯特王。土伯特，又作"图伯特"，都是吐蕃的变音。

②回纥：唐宋时把维吾尔叫作回纥，但不是西藏。

③德宗：指唐德宗李适（780—805）。其第八女燕国襄穆公主嫁给回纥武义成功可汗，玄烨所说当指此事。

译文

现在的土伯特地方，我想就是唐代的回纥。德宗时曾以公主嫁到那里。到现在，那个地方还有下嫁时的遗物。以此来考察，就知道那是回纥原有之旧地，是没有疑问的。

西藏布达拉宫

德宗公主

康熙青花梅瓶

在文中康熙帝根据德宗公主的遗留物品，判定土伯特就是回纥旧址。现在的历史学家认为不正确，土伯特是现在的西藏地区，回纥是回鹘的另一种叫法，是中国的少数民族部落，分布于新疆、内蒙古、甘肃、蒙古以及中亚的一些地区。文中的德宗公主是指襄穆公主，父唐德宗，母不详，始封咸安公主。唐德宗即位时，边境不宁，吐蕃多次侵犯唐朝，回纥趁乱多次请求和亲。唐德宗只好诏令咸安公主和亲回纥，希望借助回纥的力量牵制吐蕃。在不到八年的时间内，咸安公主先后嫁给了长寿天亲、忠贞（长寿天亲之子）、奉诚（忠贞之子）、宰相骨咄禄。创下了汉族公主历嫁两姓、三辈、四任可汗的"收继婚"历史纪录。通过和亲，唐朝争取到了回纥——彪悍善战的"亲密战友"，扭转了一百多年来唐朝与吐蕃交战失利的被动局面，咸安公主对维护双方的等价绢马贸易，也做出了卓越贡献。公元 808 年，咸安公主归天。去世后，唐宪宗"废朝三日"，追封为燕国大长公主，谥襄穆。诗人白居易用"礼从出降，义重和亲。承渥泽于三朝，播芳猷于九姓。远修好信，既申洽比之姻；殊俗保和，实赖肃雍之德"的诔文对其给予了高度颂扬。咸安公主死后葬回纥，是唐朝唯一一位没有叶落归根的正牌公主。

石 盐

原典

石盐产于回子居住的地方，每高山罅隙①处多有之。险峻不能至，土人多用箭射取之。色洁白明朗，略似水晶，性温。入火不爆者，乃真。可以疗病，与中土之盐迥异。又有红色石盐产于平地水泽中，色微红可爱，土人饮食用此，不闻入药也。

注释

① 罅隙：缝隙。

译文

石盐产于回民的地方，差不多高山裂缝之处都有。那些人不能到达的险峻地方，当地人多用箭射取。此盐色泽洁白、明亮，有些像水晶，性质温平。放入火中不爆裂的，就是真的。可以治病，与内地之盐完全不同。还有红色石盐，出产于平地水泽中，色泽微红可爱，当地人食用此盐，没听说入药的。

石 盐

石盐产地

康熙帝用文字记录了石盐的产地、硬度、色泽。其实石盐是氯化钠的矿物，化学成分为 NaCl，晶体属等轴晶系的卤化物矿物。石盐包括人们日常食用的食盐和由石盐组成的岩石，后者称为岩盐。岩盐常用以表示由石盐组成的岩石。一般石盐常用来指岩盐。因为它们都是由盐水在封闭的盆地中蒸发而形成盐矿床，因此也被称为卤化物矿物。石盐矿层一般厚几米到 300 多米，而在干旱地区则以盐霜的形式出现，在盐泉附近以蒸发产物出现，在火山地区以升华物产出。中国青海、四川、湖北、江西、江苏都有大规模石盐矿床，以柴达木盆地最知名。中国青海现代盐湖中有些石盐呈球珠状，特称珍珠盐。因为盐是人生理必需品，所以它是早期人类第一批寻找和交换的矿物之一。

冰厚数尺

原典

《汉书》^①有云："积阴之处，木皮三寸，冰厚六尺。"后人未必深信。不知近北极之地，冰雪经冬夏不消，结冰有至数尺厚者，即今黑龙江以北，皆是如此。古人之言，不为无因，亦地土严寒之所使耳。

注释

①《汉书》：我国第一部纪传体断代史，主要作者是东汉班固，后由其妹班昭补齐。

译文

《汉书》记载："积阴之处，木皮三寸，冰厚六尺。"后代人未必深信。不知道接近北极的地方，冰雪经冬夏全年不消，有的达到数尺厚，就是黑龙江以北地区，都是如此。古人所说的话，不是没有根据，那是由于地土严寒所形成的。

冰冷的北极地区

古人由于涉足范围所致，不相信冰厚数尺的说法，康熙帝论述确有此事，并且指出黑龙江以北的地区就有此情况，并解释形成这种自然现象的原因是地理位置所导致的。

地理学家指出：北极是指地球自转轴的北端，也就是北纬90°的那一点。北极地区是指北纬66°34′即北极圈以内的地区。太阳直射只能在南北回归线之间来回变动，

北极地区冰川

北极地区由于太阳直射不到，北极的冬季从11月起直到次年4月，长达6个月。1月份的平均气温介于 –20℃～ –40℃。而最暖月8月的平均气温也只达到 –8℃。零度就结冰，因此北极冰雪终年不化，当然冰冻数尺也不是乱说。我国黑龙江以北的漠河，比较靠近北极地区，是我国气温最低的县份，平均气温在 –5.5℃。漠河为多年连续冻土区，冻土最厚达100米以下，冻土融冻最浅的地方，最大融冻上界面仅20厘米左右。冬季在漠河出现数尺冰冻也是平常现象。

察哈延山

原典

黑龙江西有山名察哈延[①]，穴窍中白昼则吐焰，晚则出火，经年不熄。近嗅之，气味如煤，其灰烬黄白色如牛马矢[②]，撚之即碎，亦内地所未闻也。

注释

① 察哈延：位于今黑龙江西部，是著名火山，清代乾隆、嘉庆时曾喷发过。

② 矢：即屎，这里指牛马的粪便。

译文

黑龙江以西有座山，名叫察哈延，山洞中白天吐焰，晚上则出火，终年不熄。在近处嗅其气味像燃煤（味），它的灰烬黄白色，如牛马的粪便，用手一捻就碎了。这也是在内地没有听到过的。

察哈延火山遗迹

火山及火山灰

康熙帝介绍了察哈延山是一座白天冒焰晚上出火的火山，它喷发出的物质呈黄白色，发出煤炭般的气味，手捏易碎。现代地理学家解释火山喷发是一种奇特的地质现象，是地球内部热能在地表的一种最强烈的显示，它是从地面下经由一个通道，将气体、碎屑或岩浆喷出地表的过程。形成的原因是岩浆中含大量挥发成分，加之上覆岩层的围压，使挥发分（挥发分指岩浆中所含的水、二氧化碳、氟等易于挥发的组分）溶解在岩浆中无法逸出，当岩浆上升靠近地表时，压力减小，挥发分急剧被释放出来，于是形成火山喷发。火山分为死火山、活火山和休眠火山三类，现在我国境内大多数是死火山，已经没有喷发的可能。火山爆发时，岩石或岩浆被粉碎成细小颗粒，从而形成火山灰。火山灰不同于烟灰，它坚硬、不溶于水。极细微的火山灰称为火山尘。在火山的固态及液态喷出物中，火山灰的量最多，分布最广，它们常呈深灰、黄、白等色，堆积压紧后成为凝灰岩。火山灰的化学成分存在着一定数量的活性二氧化硅、活性氧化铝等活性组分。这就足以解释康熙所说的白黄屎样的东西和煤一样的气味了。

"南无"字义

原典

佛经"南无"二字，世人不知西域[①]音义，妄以私见穿凿，注解累帙盈篇，究无一语归著。朕尝问西土人，知彼中以合掌稽首为南无，音读如"那摩"。故经典凡诸佛号皆有南无二字。盖云稽首某佛也。此说最简当，因思每见宋元人柬帖，其致僧家者，题纸尾云：弟子某和南。和南为顿首，犹南无为稽首也。

书　法

注释

① 西域：中国古代大体把甘肃玉门以西和中亚等广大地区称为西域。

译文

佛经中的"南无"二字，世人不知道西域音义，乱用个人见解穿凿附会地注解，以致连篇累牍，竟没有一句话有根据。我曾询问西域人士，知道那里以合掌稽首为"南无"，音读为"那摩"。所以在佛教经典中凡是诸佛号都有"南无"二字，就像说稽首某佛那样。这种说法最为简单恰当。联想到所看见的宋元人的柬帖，给僧侣的都在纸尾写上"弟子某和南"。"和南"为"顿首"，就像"南无"为"稽首"一样。

"南无"释义

　　康熙帝对佛经上一个词"南无"进行解读，意思是稽首，并且音读"那摩"，这个解释是正确的。佛经中有很多字读音与现代大为不同，主要原因在于"梵文"的音译。在佛经的翻译中，佛、菩萨、罗汉的名号，译成汉文过于冗长，佛经的咒语等都采取了音译，"南无"就是其中之一。"南无"梵语音译为 námó，意思是归命、敬礼、皈依、救我、度我等义，是众生向佛至心皈依信顺的话，常用在佛、菩萨或经典名之前，表示尊敬或皈依。"阿弥陀佛"，是梵文的音译，大乘教佛名，因此"南无阿弥陀佛"，意思是"向阿弥陀佛归命"。诵读此语即谓之"念佛"。

达发哈鱼

原典

　　达发哈鱼[1]，黑龙江、宁古塔[2]诸处皆有之。每秋间从海而来，衔尾前进，不知旋退，充积河渠，莫可胜计，土人竟有履鱼背而渡者。

注释

　　① 达发哈鱼：今称大马哈鱼。鱼纲鲑科，长约 0.6 米。生殖季节从海上进入近海河流，分布于太平洋北部和黑龙江流域。

　　② 宁古塔：古城名，在今黑龙江省宁安市，位于黑龙江支流牡丹江上游。

译文

　　达发哈鱼在黑龙江、宁古塔等地都有。每年秋天从海上来，一个接一个地前进，不知道掉头退回。充满河渠，不可胜计，当地人竟有踏着鱼背过河渠的。

大马哈鱼

　　康熙帝在文中说的达发哈鱼，每年秋季从海上来，身体巨大，人可以踩鱼背过河。可能是语音的变化，现在叫大马哈鱼。大马哈鱼属鲑科鱼类，系鲑鱼的一种，是肉食性鱼类，本性凶猛，是著名的冷水性溯河产卵洄游鱼类。幼鱼期以水中底栖生物的水生昆虫为食，入海后则以捕食其他鱼类为生。鱼重量可达 6 千克多。它们出生在江河淡水中，却在太平洋的海水中长大。每年秋季，在我国黑龙江、乌苏里江和图们江可以见到大马哈鱼。大马哈鱼是珍贵的经济鱼类，素以肉质鲜美、营养丰富著称于世，被人们视为名贵鱼种，其卵也是著名的水产品，营养价值很高。黑龙江省抚远县是大马哈鱼的主产区，被称为"大马哈鱼之乡"。

地绝处

原典

黑龙江以北地方，日落后亦不甚暗，个半时日即出，盖地之圆可知也。近北极，太阳与地平①周掩无多也。朱子②云：唐太宗③收至骨利干④，置都督府⑤，其地夜易晓，夜亦不甚暗⑥，盖地当绝处，日影所射也。又云：《通鉴》⑦说有人适外国，夜熟一羊胛而天明⑧。此是地平之处，日入地下，而此处无所遮蔽故常光明。以此知古人纪载皆有确据，非好为新奇之说也。

注释

①地平：指地球北极附近扁平、无突起之高地，而不是平面那样的地面。

②朱子：朱熹（1130—1200），南宋学问家、思想家，是宋元明清儒家主要代表人物之一。

③唐太宗：即李世民（599—649），唐朝的第二个皇帝，年号贞观。

④骨利干：唐代铁勒诸部之一，其地在今俄罗斯西伯利亚境内。

⑤"收至骨利干，置都督府"：此事发生在唐太宗贞观二十年（646）。

⑥⑧两段话均出自《旧唐书》卷三十五，原文为"昼长而夕短，即日没后，天色正曛，煮一羊胛才熟，而东方已署。盖近日出入之所云"。

⑦《通鉴》：北宋司马光《资治通鉴》的简称。

译文

黑龙江以北的地方，日落以后也不怎么黑暗，过一个或半个时辰太阳就出来了，由此可以知道大地为球形。在接近北极处，太阳与地平周围遮掩不多。朱子说：唐太宗把边疆扩展到骨利干，并设置都督府，那个地方黑夜容易天亮，就是夜间也不那么黑暗。这是因为大地处于尽头，日影照射的缘故。又说：《通鉴》记载有人到外国去，夜间刚煮熟一只羊胛，天就亮了。这就是地平的地方，太阳进入地下，而这地方没有什么遮掩，所以常明亮。由此知道，古人的记载，都有确凿证据，并不是好为新奇的说法。

地绝处的光照

康熙帝在"地绝处"中论述了奇特的光照现象，也就是地绝处没有黑夜或者黑夜很短的现象，把这种现象归结为球形的极端没有遮挡物，这似乎很有道理。现在我们知道康熙帝所说的是指南北两极特殊的地理现象——极昼，这是太阳在南北回归线活动的结果。春分过后，太阳从赤道向北回归线移动，此时北极附近就会出现极昼，随着时间的变化极昼范围越来越大；至夏至日达到最大，边界到达北极圈；夏至日过后，北极附近极昼范围逐渐缩小，至秋分日太阳再次照射赤道时北极极昼缩至零，南半球开始出现极昼。在极点上，一年内有大约6个月是白昼（称极昼），6个月是黑夜（称极夜）。"极昼"时，每天24小时都是白天，要是碰上晴天，即使是午夜时刻也是阳光灿烂，就像大白天一样明朗。而"极夜"来临时，太阳始终不会从地平线升上来，星星一直在黑暗的夜空闪烁着。靠近北极圈的地方日照也会有相应的长短变化。

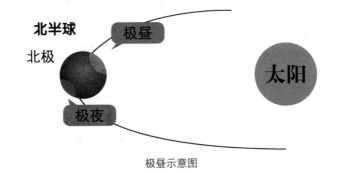

极昼示意图

南方物性

原典

南方梅、杏、桃、李之类，开花结实皆早于北方。及至果熟，或与北方同时，或且有后时者。其麦苗，二月即已繁茂，吐穗亦早，宜乎成熟先于北方，及较其收获之期，南北究无大异。即如野草，初春虽已长成，而结子必待秋令。总之，南方风土柔缓，物性亦复相似，故米面果实之属，食之常难运化。朕屡次南巡，亲加体验，乃知之甚详，彼土著[①]者，皆习而不察也。

注释

① 土著：当地原住民。

译文

南方的梅、杏、桃、李之类，开花结果都早于北方。等到果实成熟，或与北方同时，甚至还有晚于北方的。南方的麦苗在二月就已繁茂，吐穗也早，似乎成熟时间应早于北方，等到比较它们收获的时间，则南北方无大差异。就像野草，在初春时虽已长成，但结子一定要到秋季。总之，南方风土柔缓，物性也和这相似，因此米面果实之类，吃了常常难以消化。我屡次到南方巡视，有亲身体验，所以知道得很详细，而那些地方的人都已习惯，也就不察觉了。

康熙南巡·常州篦箕巷

南方三月桃花开

南北气候差异

康熙帝通过桃、杏、李、麦苗、野草的例子说明南北方因物性不同，同样的水果生长在南方就比北方的饱满充实。康熙帝说的物性就是气候。南北方以秦岭——淮河一线为分界线，此线以南为南方，以北为北方。南方属于亚热带季风气候和热带季风气候，地处高气压副热带，所以气候相对炎热，且靠近海洋，促使海洋的暖湿气流可以流通，与北方的寒冷气流抗衡，形成对流雨，因而夏季高温多雨，冬季寒冷干燥。北方属于温带大陆性气候，地处北温带，所以气候相对温暖。我国东部临海，属于温带季风气候，夏季温暖，冬季寒冷。西部则深居内陆，气温日差较大，全年少雨，属于温带大陆性气候，造成气候差异的主要原因就是地理纬度的不同。康熙帝说的只是限定能生长同一类植物的南北方物性，如果是广州和黑龙江对比可能它们物性的差异性更大，北方不能种植香蕉显然就是这个道理。

山海关

原典

山海关澄海楼，旧所谓关城堡也。直峙海浒，城根皆以铁釜为基。过其下者，覆釜历历在目，不知其几千万也。京口^①之铁瓮城，徒虚语耳。考之志册，仅载关城为明洪武年所建，而基址未详筑于何时。盖城临海冲，涛水激射，非木石所能久固。昔人巧出此想，较之熔铁屑炭，更为奇矣。

注释

① 京口：古地名，即今江苏镇江市。

澄海楼

译文

山海关澄海楼，就是原来所说的关城堡。立在海边上，城根都是用铁锅为地基。从城下经过的人，见那些覆锅历历在目，不知有几千几万只。京口的铁瓮城，不过是说说而已。考察地方志等类史书，仅记载关城为明洪武年间所建，可是它的基址不知建造于何时。山海关关城堡的边界在海边，海涛激烈拍打，城基用木石等材料是不能长久牢固的。古人提出这种巧妙想法，比熔铁屑炭更为奇特。

天下第一关

康熙帝在文中不是描述山海关的城堡，而是研究山海关的地基建筑，提出城根处用的铁锅是为了防止海水腐蚀，这一奇思妙想是古人智慧的结晶。今天我们从考证山海关的根基历史，知道山海关北倚燕山，南连渤海，是明长城东部的重要关口。全城有镇东、望洋、迎恩、威远四座主要城门，并有多种古代防御建筑。山海关自公元

1381年建关设卫，至今已有600多年的历史，是一座防御体系比较完整的城关，有"天下第一关"之称。现在形成了"老龙头""孟姜女庙""角山""天下第一关""长寿山""燕塞湖"六大风景区。历史上所说的清军入关，就是镇守山海关的吴三桂放清兵进入关内。

山海关

哈密瓜

原典

哈密，古瓜州①近域，其瓜较内地甜美，体甚巨，长尺许，两端皆锐。彼国中遍种之，每熟时，人惟啖此以代谷食，遂觉气体丰腴有逾平昔。剖晒为脯，芳鲜历久不变。自彼国臣服以来，每岁常充供献。中土始尝此味，前此所未有也。

哈密瓜

注释

① 古瓜州：古州名，其地在今甘肃敦煌市境内，距哈密不远。

译文

哈密，古瓜州附近一带地方，所产的瓜较内地瓜甜美，个大，长一尺多，两端都呈尖状。那个地方到处种植，每到成熟的季节，人们都吃这种瓜，代替谷物食品，吃了它，感觉精神饱满超过平时。切开晒成脯，芳香鲜美的味道，经久不变。自那个地区归政府管辖以来，每年常作为贡品供献。从此内地才尝到哈密瓜的味道，以前是没有的。

哈密的甜瓜

康熙帝在文中指出了哈密瓜的形状、大小、口味、晒制以及向清朝进贡的历史。

哈密瓜，古称甘瓜、甜瓜、穹隆，维吾尔语叫"库洪"。植物分类学上称哈密瓜为厚皮甜瓜。哈密瓜形状多样，有圆形、椭圆形、橄榄形、卵圆形、长棒形和短筒形等。瓜皮的颜色有白玉色、金黄色、青色，还有绿色和杂色等。瓜的风味各有特色，有的脆，有的绵，有的多汁，也有的酒香扑鼻，适合人们不同的口味。哈密瓜不但风味佳，而且富有营养。瓜肉中含有干物质18%，含糖量15%。在每100克瓜肉中还有蛋白质0.4克，脂肪0.3克，灰分元素2克，钙14毫克，磷10毫克，铁1毫克。其中铁的含量比鸡肉多两三倍，比牛奶高17倍。哈密瓜香甜的真正原因是哈密独特的光照时间、昼夜温差大的气候特点以及高山雪水的浇灌等。

三门砥柱

原典

四十二年西巡过陕州[①]，观三门砥柱。盖砥柱一山屹立河中。禹[②]凿之三穿，使河出其间，有似门状，故曰三门也。俗云南为鬼门，中为神门，北为人门。三门之险，鬼门为最。唐开元[③]时，陕郡太守李齐物[④]更凿砥柱，以通漕[⑤]，烧石沃醯，开山巅为挽路。代宗[⑥]时调巴蜀[⑦]襄[⑧]汉，麻枲竹篾为绹，以挽上陕运舟，至今山上篾索深痕，明显如指。前人作为，总非后人所能及也。

三门峡

注释

①陕州：北魏时所设，辖地相当于今河南省西部及山西省南部，后来逐渐缩小，到康熙时只为河南省西部的一小角。

②禹：传说中夏朝的第一个帝王，4000年前曾带领人们治水。

③开元：唐玄宗李隆基（713—741）的年号。

④李齐物：字道用，唐代天宝（742—755）时官太子宾客，曾任陕州太守。

⑤漕：通过水路运粮叫"漕"。

⑥代宗：唐朝的第八个皇帝李豫（762—779在位）。

⑦巴蜀：古代有巴郡和蜀郡，合称巴蜀，相当于今四川省。

⑧襄：约指襄阳府，辖境相当于今湖北襄阳、谷城、光化、南漳等县。

译文

康熙四十二年（1703）到西边视察，路过陕州，参观了三门砥柱。砥柱是一座山，屹立在黄河当中。禹凿成三个洞，使河水从洞中流过，像门的样子，所以叫作"三门"。俗称南门为"鬼门"，中门为"神门"，北门为"人门"。三门中以鬼门最为危险。唐开元年间，陕郡的太守李齐物又开凿砥柱以通漕运。用火烧石、浇腊，开辟山巅成为挽路。唐代宗时调集巴蜀、襄、汉的人用麻枲、竹篾做成绳子以牵拉去陕州的运粮船，至今山上篾索所留下的深深痕迹，还明显如手指。前人的作为，总非后人所能赶上的。

康熙出巡

三门峡古今变化

康熙帝从大禹治水、唐太守李齐物、唐代宗等为开凿三门峡或者是发展三门峡所做的贡献，抒发了前人的作为后人不能及的感慨，并指出因"人门""神门""鬼门"三道峡谷而得名的三门峡，名字流传至今。其感慨在当时也许是正确的，现在看来未必正确。因为新中国成立后，加大了治水力度，伴随着黄河第一坝——三门峡水利枢纽的建设，在河南省西部，河南、山西、陕西三省交界处崛起了一座新兴城市——三门峡市。如今的三门峡不但是著名的发电枢纽，高峡出平湖的三门峡市也成为著名的旅游景区，每年入冬以后到次年初春这段风寒雪飘的季节，这座美丽的城市总会迎来西伯利亚的朋友——白天鹅。成千上万只白天鹅自由自在地在三门峡库区广阔明澈、碧波荡漾的湖面上飞翔、飘游、嬉水、觅食，安详地休养生息，三门峡也因此有了"天鹅城"的美誉。

雷声不过百里

原典

雷电之类，朱子论之极详，无复多言。朕以算法较之，雷声不能出百里。其算法依黄钟①准尺寸，定一秒之垂线，或长或短，或重或轻，皆有一定之加减。先试之铳炮之属，烟起即响，其声益远益迟。得准比例，而后算雷炮之远近，即得矣。朕每测量，过百里虽有电而声不至，方知雷声之远近也。朕为河工，至天津驻跸，芦沟桥②八旗③放炮，时值西北风，炮声似觉不远，大约将二④百里。以此度之，大炮之响比雷尚远，无疑也。

注释

① 黄钟：中国古代音乐的十二律之一，声调最洪大响亮。其他律都以此为标准测定。通常是用长九寸、径九分的竹管作为标准器，叫作"黄钟律管"。人们还把黄钟律管作为度量衡标准，校对度量衡。

② 芦沟桥：位于北京西南，永定河上，金代建造的桥梁。

③ 八旗：明末时满族首领努尔哈赤（1559—1629）建立的兼有军事、行政、生产三方面职能的编制制度，后来成为兵籍编制，以旗色为标志，分为正黄、正白、正蓝、正红和镶黄、镶白、镶蓝、镶红，合称八旗，又将所统治的蒙古族和汉族编为蒙古八旗和汉军八旗。

④ 二：《通学斋丛书》本和鸿宝斋本"二"均为"三"。

译文

雷电之类的自然现象，朱熹讨论得极为详细，不需要再多说了。我用数学方法来研究，发觉雷声不能超出百里。其算法是凭借黄钟校准尺寸，定一秒之垂线，或长或短，或重或轻，都有一定的加减。先用枪炮等做试验，烟起的同时立即发出声音，而声音传播得越远，听到得越晚。得到准确的比例后，就可以计算雷、炮（声源）的远近了。我每次测量，超过百里之外，虽然能看见闪电，但是听不到声音，于是就知道了雷声可传播的远近距离。我为了治河工程到天津驻跸，卢沟桥八旗放炮时，正赶上西北风，炮声似乎觉得不远，大约有二百里。以此推测，大炮的声响比雷声还传得远，这是没有疑问的。

雷 电

声速的测定

康熙帝在文中利用黄钟的音阶原理测量雷声的远近，得出雷声不过百里的结论。

康熙帝所说的"黄钟"是古时一个标准音阶，它的律管长9寸径9分，可以当作标准长度。至于"定1秒之重线"，很可能使用的单摆摆长周期为1秒。定好了量测时间的标准，后面的测量就不难进行了。他的实验，没有提出声速的概念，却得到了现今单位时间内声波走的距离，即声速。可惜他未记下得到的比例。历史上第一次测量声速的是英国人德罕姆，1708年，他站在教堂的顶楼，注视着19千米外正在发射的大炮，记录下大炮发出闪光后到听见轰隆声之间的时间，经过多次测量加权平均，得到相当接近现在的声速343米/秒。现在先进的测量声速方法利用超声波遇到物体发生反射的原理，每个反射波与相应的发射波之间的滞后时间可经电脑的处理输出，能直接从电脑上读出一个超声波发射后遇到障碍物返回来的时间间隔，只要先测出超声波发生器到障碍物之间的距离，除以传播的时间，就是它在空气里的传播速度了。

海鱼化鹰

原典

黑龙江一带地方，每冬令则有白项野鹰[①]，从海边来，盈千累万，不可胜数。形比内地者微大，肉亦肥。但其味稍腥。想海鱼化生之物，故与山林所产不同。《月令》②云："雀入大水为蛤，雉③入大水为蜃④。"想此类乎。

注释

①麇：同"狍"，属于哺乳纲，鹿科的野生动物，比鹿小，肉可食。分布于欧、亚两洲，我国产于东北和西北。

②《月令》：《礼记》中的一篇。

③雉：野生禽类，俗称"野鸡"，鸟纲，雉科，在我国最多的为环颈雉，尾长，肉味美。

④蜃：水生动物，即大蛤蜊。蛤蜊，属瓣鳃纲，蛤蜊科。

译文

黑龙江一带地方，每到冬季就有白颈野狍从海边迁移而来，成千上万，不计其数。形体比内地的略大，肉也肥美。但其味稍腥。推想是由海鱼化生出来的，所以与山林里出生的不同。《月令》说："雀入大水为蛤，雉入大水为蜃。"我想可能是同类事。

海鱼不能化麇

康熙帝在论述中说麇是海鱼演化而来，就像古文所说的"雀入大水为蛤，雉入大水为蜃"的道理一样。这个观点是错误的。

麇子也写作狍子，又称矮鹿、野羊，属偶蹄目鹿科，草食动物，是东北林区最常见的野生动物之一。狍身草黄色，尾根下有白毛，雄狍有角，多栖息在疏林带，多在河谷及缓

麇子

坡上活动，狍性情胆小，早晚时分才会在空旷的草场或灌木丛活动。一般由母狍及其后代构成家族群，7—8月雄雌交配，妊娠期为8个月，寿命一般10～12年，最长可达17年。狍是经济价值比较高的兽类之一，狍肉被称作瘦肉之王，肝、肾等均有温暖脾胃、强心润肺、利湿、壮阳及延年益寿之功能，其皮是制裘衣的上等原料。

另外，古人说蜃是大蛤、雉比雀大。在冬天时节，蜃类会大量繁殖，并且其壳五光十色，由此臆想到了海市蜃楼的成因，这观点今天看来是错误的。

石　鱼

原典

　　喀尔沁①地方有青白色石，开发一片，辄有鱼形，如涂雌黄②，或三或四，鳞鳍③首尾，形体具备，各长数寸，与今所谓马口鱼④者无异。扬腮振鬣，犹作鼓浪游泳状，朕命工琢磨以装砚匣，配以松花江石，诚几案间一雅玩也。尝读《水经注》⑤及《酉阳杂俎》⑥，言衡阳⑦有石鱼山，石具鱼体，宛若刻画。又《池北偶谈》⑧述汧阳县⑨有石鱼沟，取石破之两两成鱼，可以辟蠹。故宋人石鱼诗云："相传此石能辟蠹，功在琅函⑩并玉储⑪。"然未有如斯之纤悉克肖者也。其与石俱生耶，抑鱼之化？如零陵⑫之燕，海南⑬之蟹耶？物理之不可全穷又如此。

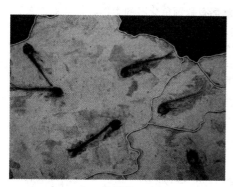

鱼化石

注释

　　①喀尔沁：即今内蒙古通辽市、呼伦贝尔市广大地区。

　　②雌黄：一种天然化合物，即三硫化二砷，可制黄色颜料。

　　③鳍：鱼进行运动的器官，由薄膜和硬刺构成，长在背、腹部和尾部。

　　④马口鱼：属鱼纲，鲤科。为河流中的普通小型食用鱼类之一，体长约 16 厘米。

　　⑤《水经注》：南北朝郦道元（466 或 472—527）所撰。是以《水经》这本书为纲而写成的水系专著，四十卷。

　　⑥《酉阳杂俎》：唐代段成式（803—863）所撰的一本笔记，三十卷。

　　⑦衡阳：即今湖南省衡阳市。

　　⑧《池北偶谈》：清初王士禛（1634—1711）所撰，二十六卷。

　　⑨汧阳县：今名千阳县，在陕西宝鸡市北。

　　⑩琅函：即书匣。

　　⑪玉储：装珍贵物品的箱子。

　　⑫零陵：今湖南零陵县。

　　⑬海南：可能泛指中国南部的海洋及岛屿，而非今日之海南岛。

译文

　　喀尔沁地方有一种青白色石头，每开出一片，常见有鱼形，如涂了雌黄，或三个或四个，鳞、鳍、首、尾整个形体都全，各长数寸，和现在所说的马口鱼没有差别。鱼张开口腮，竖起颌旁小鳍，像鼓浪游泳的样子，我命令工匠将它仔细琢磨，用来装饰砚匣，再配以松花江石，实在是几案间一种雅致的玩物。我曾经阅读《水经注》及《酉阳杂俎》，说衡阳有石鱼山，山上的石头都具有鱼的形状，就像刻上去的一样。再有《池北偶谈》里面记载：汧阳县有石鱼沟，取石头破开，两半都成鱼，有驱除蛀虫的作用。所以宋代人的石鱼诗说："相传此石能辟蠹，功在琅函并玉储。"然而没有如喀尔沁石鱼那样，连细微之处都完全相像的。它们是与石俱生的呢，还是鱼的转化？像零陵的燕、海南的蟹那样？事物的道理竟这样地不能完全推究穷尽。

生动的鱼化石

　　康熙帝记述了喀尔沁出的鱼化石，通过与衡阳、汧阳的鱼化石比较，突出它的惟妙惟肖，同时强调了鱼化石的装饰及驱虫的作用。

　　鱼化石的形成是沉入水底的鱼的尸体，因为空气被隔绝，又有泥沙覆盖，所以不会腐烂。然后经过亿万年的地质运动，在高温高压的作用下，鱼尸体周围的泥沙变成了坚硬的沉积岩，夹在这些沉积岩中的鱼的尸体，也变成了像石头一样的东西，于是就形成"鱼化石"。苏州留园的五峰仙馆内保存有一件"鱼化石"天然画，呈屏风状，中间群山环抱，瀑布飞悬，上部流云婀娜，正中，一轮圆斑就像太阳或明月，堪称鱼化石的极品，著名诗人艾青、卞之琳都有歌颂鱼化石的力作。

山　气

原典

　　海市①见之于书，人皆知之，不知山峦之气亦然。塞外②瀚海③，早行春秋之际，空阔之处望之，亦有如城郭楼台者，有如人物旌旗者，有如树木丛生鸟兽飞舞者。远观景象无不刻肖；逼视之则不见。是皆山气之所融结，可与海市并传也。

注释

①海市：一种光学现象，地面上的一些景象因大气把光线折射在空中或海面上所成奇异幻景，古人误以为是水中的蜃吐气而成，故称"海市蜃楼"。

②塞外：泛指我国北方的边疆地区。

③瀚海：在我国古代有时是指北海（今贝加尔湖），有时指北方大沙漠，此处为后者。

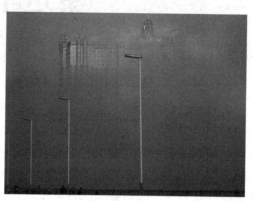

海市蜃楼

译文

海市记载在书上，人们都是知道的，但是，不知山峦上的"气"也是这样的。塞外瀚海在春、秋的时候，早晨行走于空旷之处，向远处遥望，也有像城郭楼台的景象，有像人物旌旗的，有像树木丛生、鸟兽飞舞的。远看那些景象都惟妙惟肖，逼近去看则不见了。这都是山气"融结"成的，可以与海市并传。

海市蜃楼

康熙帝所记述的在瀚海地区远看无不逼真，逼近去看则不见了的城郭楼台、人物旌旗、丛生树木、鸟兽飞舞的景观称为"山气"，并把它与海上生成的类似现象相提并论，就是现在的海市蜃楼。

海市蜃楼是近地面层气温变化大，空气密度随高度变化强烈，光线在铅直方向密度不同的气层中，经过折射进入观测者眼帘造成的结果。常分为上现、下现和侧现海市蜃楼。一种海市蜃楼发生在海上。海上在一定范围内空间的空气湿度比较大，且厚度比较大，这样大面积的水蒸气在运动中阴差阳错地就能形成一个巨大的透镜系统。就像一个巨大的放大镜和显微镜一样，把微观世界里一个空间的景象反映到另一个空间来了。另外，在沙漠或其他地方，如果物质在运动中也能形成一个巨大的微观观测系统，人们就可以观测到其他的空间了，也就是人们所说的海市蜃楼。

秦达罕

原典

秦达罕[①]，产于兴安外如索约尔济[②]等地方，即兔类也。其形倍大，肉味鲜洁，春夏时毛色与兔略同，至秋末冬初则变白如雪，惟耳尖黑颖，四时不改，足上氄毛甚长。盖彼地严寒，非此则不足御冬。每当春二三月孳生二次。今畜于热河山庄，其毛色更变及孳生之时，与在出产之地无异。

注释

① 秦达罕：食草的一种兔，哺乳纲，兔科。体长约50厘米，耳尖端为黑色，肉可食。分布于我国东北、内蒙古、西北以至长江中下游的北岸，欧洲、俄罗斯、蒙古等国家和地区也有。

② 索约尔济：山名，位于今黑龙江省境内。

译文

秦达罕产于兴安岭外如索约尔济等地方，属于兔类。其形体比兔大一倍，肉味鲜美，在春夏季节毛色与兔略同，到秋末冬初就变为色白如雪，唯有耳尖上末端的黑毛四季不变，脚上细软的绒毛很长，因为那个地方寒冷，不这样就不足以防御寒冬。每当春天二三月时生产两次。现在畜养于热河山庄，其毛色变化以及繁殖的时间与原产地没有差别。

巨型野兔

秦达罕（巨型野兔）

康熙帝在文中所说的秦达罕就是生长在东北地区的野兔，它体型比普通兔大一倍，毛色与普通兔不同，多白色，耳朵尖上是黑色，脚上长满绒毛，在山庄内饲养时发现了它的繁殖规律。

现在大雪茫茫的兴安岭地区仍有很多野兔，秦达罕很难单独见到。偶尔在隆冬季节看到的秦达罕，它们活跃在野外的山坡上，自上而下沿白雪皑皑的山坡急速俯冲，长距离跳跃。除了有力的四肢辅助它们在雪地跳跃飞奔，它们还拥有在寒冷的季节将体毛变成白色的能力，目的是融入外界环境躲避鹰等捕食者。等冰雪融化后，草木丛生，秦达罕白色毛会变成棕色。

《康熙几暇格物》编辑历史

《康熙几暇格物编》是康熙皇帝在政事余暇，学习、研究和考察自然科学文化现象的一些独到见解。可以说是他考察科学文化的小论文集。这里面一共收入了九十三篇短文，大约有两万字，每篇都有标题，专门论述一个问题。

《康熙几暇格物》大约是在康熙四十年（1701）开始编纂的，一直持续到康熙去世之后。此书最初出现在雍正十年（1732）出版的《康熙御制文》当中，后来出现在光绪五年（1879）清政府刊刻的清历代皇帝御制文合刊中，《康熙御制文》是其中的一部分。《康熙几暇格物》收入在了康熙卷的最后一集——第四集里，分属于第二十六到第三十一卷，标注为"杂著"，每卷开头都有"康熙几暇格物编"的字样，基本是属于自然科学的卷集。

康熙狩猎图

一

上之中

泰 山

地 球

上之中卷研究地球之转、地理之气、潮汐之成、泰山之归属；考古雷楔变迁、瀚海石子、沧海桑田；介绍沙蓬米、动物化石、木化石、芒硝、查克、葡萄之相关知识；骑着"青马"神驹，以"黑龙江之麦"的丰收为根本，用《本草》的药效作保障，追逐"堪达罕"，跳跃"汶上分水口"，写"落叶松"诗，体现"诗文以命意为上"的道理，热情似"吐鲁番地极热"。

青 马

潮 汐

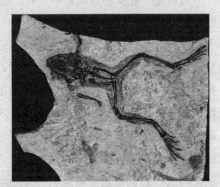

青蛙化石

雷 楔

原典

霹雳砧①，形质各殊，随地而异。今各蒙古瀚海沙漠等处，尝拾得铜铁，或如枪头，或如箭镞锥刀②之类者，盖雷斧也。《雷书》云：雷斧，铜铁为之，盛京③、乌拉诸地则皆石，色微青黑而通明，映之莹如玻璃。其在西洋者，石色沈绿明澈，无异此雷楔也。《博物志》④云：人间往往得石，形如斧刀，名⑤霹雳楔者，是矣。又有雷墨、雷钻、雷锤，不过以状异名，要皆金石质也。唐人小说谓玉门⑥西有雷庙，国人年年出钻，以给雷用，是诚谬言。夫雷火所至，万物具化，斧楔乃雷气之所化耳。其或金或石者，随地气而使然也。

注释

① 霹雳砧：可能是陨石，也可能是原始人制造的石器，或是因水冲击而自然形成的小石块。

② 这些金属物显然是古代人的遗物，在今内蒙古西部大沙漠的边缘还能很容易地拾到箭头、金属块等，汉砖则更多见。

③ 盛京：清代行政区划，包括关外广大地区，行政中心在今沈阳市。

④《博物志》：晋张华（232—300）所撰，是一种笔记性质的著作。

⑤ 名：《通学斋丛书》在"名"后多一"曰"字。

⑥ 玉门：在今甘肃省西部玉门市西偏北。

译文

霹雳砧，形状和质地都不一样，随地区而有差异。今蒙古各个瀚海沙漠处，经常拾到铜铁，或像枪头，或像箭头、锥、刀之类的东西，可能就是雷斧。《雷书》说：雷斧是用铜铁做的，盛京、吉林等地则都是石头的，颜色稍微青黑而又透明，映照所生荧光，像玻璃一样。在西洋的石色深绿明澈，和这种雷楔没有差异。《博物志》说：人们往往得到像斧、刀的石头，名字叫"霹雳楔"的就是雷斧。又称雷墨、雷钻、雷锤，不过都是因为形状不同，取的名称也不相同，主要都是金石性质。唐人小说称：玉门西有雷庙，那里的人们年年造钻给雷用，这真是荒谬的说法。雷火所到之处，万物能熔化，雷斧、雷楔乃是雷气融化而成。它们或是金或是石，是随地气而使之如此。

坠落的陨石

康熙帝所说雷楔就是古时候传说的雷神打击用的工具，从质地、形状、地域进行论述，提出了"雷火所到之处，万物能融化，雷斧、雷楔乃是雷气融化而成，它们是金或石，是随地气而使之如此"的朴素唯物主义思想。

今天看来康熙帝所说的雷楔就是一种陨石。大量的小天体围绕着太阳运行，小天体在运行过程中经常相互撞击，产

雷楔子

生巨大的撞击力。在这种撞击力的作用下，会产生高温高压并使矿物岩石熔融变质而形成熔融体。这种熔融体的形状千姿百态，坠落地面即为陨石，由于陨石在大气层中燃烧磨蚀，形态多浑圆而无棱无角。质地有石陨石、铁陨石、石铁陨石三种，陨石多半带有地球上没有或不常见的矿物组合，多出现在空旷的地区，古代对陨石十分膜拜，在现代也是研究天体物质的重要依据。

土鲁番西瓜

原典

土鲁番在哈密之西，其地产西瓜，种最佳。每熟时，人入瓜田，必相戒勿语，悄然摘之。恣其所取，瓜皆完美。若一闻人声，则尽[①]拆裂无全者，亦异闻也。

注释

① 则尽：鸿宝斋本"则尽"为"瓜皆"。

译文

吐鲁番在哈密以西，那个地方出产的西瓜，品种最好。每当成熟时，人进入瓜田，必须互相告诫着不能说话，悄悄摘下。听任人们摘取，瓜都完好无损。假如一听到人的声音，瓜就都拆裂而没有完整的。这也是奇传异闻。

吐鲁番的西瓜

　　康熙帝对吐鲁番西瓜的赞誉有加，讲述了摘西瓜时，西瓜听见人语就会炸裂的传闻，传闻不一定存在，但是从另一角度何尝不是赞誉吐鲁番西瓜的珍贵呢。纪晓岚的"种出东陵子母瓜，伊州佳种莫相夸。凉争冰雪甜争蜜，消得温暾倾诸茶"也道出新疆西瓜的特点。其实吐鲁番西瓜真正香甜的原因是气候所致，吐鲁番地处我国西北内陆地区，冬冷夏热，雨量少，晴天多，日照充足。独特的夏季高温天气使高山冰雪消融，消融雪水汇聚盆地，给农作物输送来宝贵的水源。白天温度高，加强了农作物的光合作用，有利于养分的积累，夜间温度低，农作物的呼吸作用减弱，减少了养分的消耗。

哈密西瓜

地　球

原典

　　自古论历法，未尝不善，总未言及地球。北极之高度所以万变而不得其著落。自西洋人至中国，方有此说，而合历根。可见朱子论地则比之卵黄，皆因格物①穷理中得之，后人想不到至理也。

注释

　　① 格物：推究事物的原理。

译文

　　自古以来讨论历法，未尝不完善，可是都没有谈到地球。北极的地面高度为什么屡屡变化，而得不到合理解释。自西洋人来到中国以后才有了地球之说，却符合历法的根本。由此可见，朱熹论述大地时，把大地比作蛋黄，都是由"格物穷理"得到的，后人想不到这是最根本的道理。

地球并非标准圆球

康熙帝从极地高度的变化指出中国人对地球认识的不足，同时地球一词是西洋人带到中国的，朱熹的"地球蛋黄说"也许是中国人认识地球的最初意向。

古希腊学者亚里士多德最早从球体哲学上"完美性"和数学上的"均衡性"提出"地球"这个名称和概念。地球是太阳系从内到外的第三颗行星，它并不是一个完美的圆球，而是一个赤道略鼓，两极稍扁的球体，地球的极半径是 6356.89 千米，而赤道半径是 6378.38 千米。地球的自转产生昼夜变化，地球的公转产生四季更替，地球的年龄大约 46 亿年。

从宇宙飞船上看地球

理 气

原典

宋儒论理气[1]最好，宋以前诸儒及后之学者每好为注解，注则离，解则畔，倒不如本文中细看，或得其旨一二。若立自作之意，须读到极处，然亦未必能也。

注释

[1] 理气：宋代的一些哲学家提倡理学，把"理"和"气"并称，认为理是宇宙的根本，而气则为它的现象。

译文

宋朝的儒士对理气的讨论最好。宋以前诸儒士及后来的学者，经常喜欢给古书作注解，注则离开原意，解则混乱，倒不如仔细阅读原著，或许能得到它的一二分意思。如果想建立自己的主张，必须学习到最深程度，但这也未必能做到。

理气论

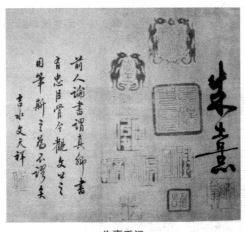

朱熹手记

康熙帝赞扬理气大师朱熹的主张，不同意各种注解理论，提倡只有深入才能得到真谛。

朱熹所谓的"理"是先于自然现象和社会现象的形而上者，是事物的规律，是伦理道德的基本准则。又称"理"为太极，是天地万物之理的总体。"气"是朱熹哲学体系中仅次于"理"的第二个范畴，是形而下者，是有情、有状、有迹的，具有凝聚、造作等特性，是铸成万物的质料。天下万物都是理和气相统一的产物。朱熹认为理和气的关系有主有次。理生气，并寓于气中，理为主、为先，是第一性的；气为客、为后，属第二性。

潮　汐

原典

潮汐之说，古人议论最多，总未得其详，惟朱子[①]之说得其理。朕到海边，如山海、天津、大江、钱塘等处。每察来去之时，与本土人询问，大约皆不同。所以将各处令人记时刻，而亦不同。后知泉、井皆有微潮，亦不准时候。问及西洋人与海中行船者，皆不同。所以难明。依朱子之言，属月之盈昃，其理甚确。

注释

① 朱子：朱熹。

译文

潮汐一说，古人议论得最多，都未能对它做出详细说明，唯独朱熹的说法讲出了它的道理。我到海边，如山海关、天津、长江口、钱塘江口等处，每次观察潮汐来去的时间并向当地人询问，大约各地都不相同。因此，在各处令人记录的潮汐时刻，也各不相同。后来知道泉、井都有微潮，也不定时。问及西洋人和航海者，所说也都不同。因此很难弄清楚。根据朱熹的说法，认为潮汐是来自月亮的盈亏，这个道理非常正确。

康熙南巡·过钱塘江

潮汐形成的原因

康熙帝指出了潮汐的种类，批评古人关于潮汐形成的种种说法，推崇朱熹由月亮盈亏引起的潮汐学说。

海水随着地球自转也在旋转，而旋转的物体都受到一种力的作用，使它们有离开旋转中心的倾向，这就好像旋转张开的雨伞，雨伞上水珠将要被甩出去一样。

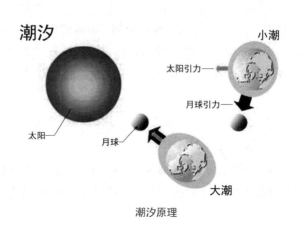

潮汐

小潮

太阳引力——

月球引力——

太阳

月球

大潮

潮汐原理

同时海水还要受到月球、太阳及其他天体的吸引力，因为月球离地球最近，所以月球的吸引力较大。这样海水在这两个力的共同作用下形成了引潮力。由于地球、月球在不断运动，地球、月球与太阳的相对位置在发生周期性变化，因此引潮力也在周期性变化，这就使潮汐现象周期性地发生。一日之内，地球上除南北两极及个别地区外，各处的潮汐均有两次涨落，每次周期 12 小时 25 分，一日两次，共 24 小时 50 分，所以潮汐涨落的时间每天都要推后 50 分钟。生活在海边有经验的人，大都能推算出潮汐发生的时间。

沙蓬米

原典

沙蓬米[1]，凡沙地皆有之，鄂尔多斯[2]所产尤多。枝叶丛生如蓬，米似胡麻[3]而小。性暖，益脾胃，易于消化。好吐者食之，多有益。作为粥滑腻可食，或为末可充饼饵茶汤之需。向来食之者少，自朕试用之，知其宜人，今取之者众矣。

注释

① 沙蓬米：沙蓬，一年生草本野生植物，属藜科。生长于沙丘和砂地，其种子叫"沙蓬米"，可食，还可榨油。

② 鄂尔多斯：今内蒙古西部黄河以南地区，多沙丘，适合沙蓬生长。

③ 胡麻：很可能是指生长于我国西北地区和内蒙古的一种油料作物亚麻。

译文

沙蓬米，凡是沙地都有，鄂尔多斯所产尤其多。枝叶丛生如蓬，颗粒类似胡麻而较小。其性暖，能补脾胃，容易消化，经常呕吐的人吃了大都有好处。做粥滑腻可吃，或者做成面粉，可以充作糕饼茶汤之需。向来吃的人不多，自从我试用之后，知道它适合于人吃，现在取食的人多了。

沙漠的绿色沙蓬

康熙帝指出沙蓬是沙地一种植被，枝叶若蓬，籽粒细小，其籽粒可食用充饥，也可治疗呕吐的病，开始的时候人都不敢吃，自从皇帝食用后，吃的人越来越多。

现在依然有沙蓬这种植被，它是一种耐寒、耐旱的沙生植物，是亚洲大陆干旱及半干旱地区各种类型的流动、半流动及固定沙地上的一个广布品种，是流沙上的先锋植物。浅根性，主根短小，侧长，向四周延伸，多分布于沙表层。沙蓬侧根有时长达 8～10 米，密布于 5～40 平方厘米内。土层中，犹如丝网，根长往往高出其株数倍到数十倍，在干旱之年这种差异更为悬殊。沙蓬含有中等或中等以上的蛋白质和相当高的灰分，在生育早期，胡萝卜素的含量较丰富。沙蓬种子含有较丰富的粗蛋白和脂肪，两者分别占风干物的 21.5% 和 6.09%。在治沙上有一定意义。沙区农牧民常采收其种子加工成粉，人均可食。种子可作药用，能发表解热，主治感冒、发烧、肾炎。

鲊答

原典

鲊答[1]之名，见于陶九成[2]《辍耕录》及李时珍《本草》[3]，第云：产走兽腹中。不知出蛇头及鱼腹者为贵，其形色亦不等。相传蒙古祷雨时，投鲊答于泉源，或持咒，或以手拨弄辄能致雨。朕细推其理，盖泉源本灵异之地，不受污秽，以不洁之物搅之是以致雨。旧有烧蜥蝪（即云虎）祈雨之说，亦即此意。今人遇泉源，未有敢轻亵者，无论南北皆然。观此可以知致雨之故矣。

注释

① 鲊答：似为动物体内结石，蒙古人用于祈雨。

② 陶九成：元末学者陶宗仪字"九成"。《辍耕录》是其所著笔记性质的著作，三十卷。

③ 李时珍《本草》：即明代医学家李时珍（1518—1593）的著作《本草纲目》，五十二卷。

译文

鲊答之名见于陶九成《辍耕录》和李时珍《本草》，两书都说它产于走兽腹中。不知道出自于蛇头或鱼腹者为贵重，其形色也不一样。相传蒙古人祈雨时，投鲊答于泉源或者念咒或者用手拨弄，就能降雨。我仔细推测其道理，是因为泉源本来是灵异之地，不能遭到污秽，用不洁净的东西搅动，这样就能降雨。旧有焚烧蜥蝪（即云虎）祈雨的说法，也是这个意思。现在的人遇到泉源没有敢随便弄脏的，不论南北方都如此。观察这个可以知道降雨的原因了。

动物体内结石的作用

康熙帝所说的鲊答就是动物体内的结石，他说出结石的药用，同时提出祈雨的说法。现在看来，动物结石有药用可以理解，结石用来祈雨或把泉水认为灵异之地是没有科学根据的。

天然牛黄

动物生长结石是很自然的事情，从马内脏中取出结石，其状呈球、卵圆或扁圆形，且大小不等，大的有几斤，小的如豆粒，具有镇静化痰、清热解毒之功。牛的胆囊、胆管或肝管中的结石叫作牛黄，多呈卵形或不规则的球形等，大者如鸡蛋，小者如豆粒，表面金黄或呈棕黄色，具有清心开窍、清热解毒之功效，临床上用于高热烦躁、神昏抽搐等症，对热毒引起的咽喉肿痛有奇效。从羊的内脏胆囊中取下的结石叫作羊黄，形状圆滑，大小不等，一般如莲子，大者如鸡蛋，颜色金黄，其功效和用途大致和牛黄类似，所以，人们常以此代用牛黄。猕猴等内脏的结石叫猴枣，呈椭圆形，酷似枣子，这种结石大小相差悬殊，大者如鸡卵，小者如黄豆，一般都跟小枣差不多，表面光滑呈青铜色或绿黑色，质地脆硬，击之易碎，气微香，以个大、色深、质脆者为佳品，既能清热解毒，又能化痰镇惊，中医用以治疗痰咳惊痫等症。从狗的胃中取出来的结石叫狗宝，多半是圆球形，表面灰白色或灰黑色，略有光泽。它最显著的作用是降逆气、开郁结、解毒，对呃逆（打嗝）反胃有特效。

瀚海螺蚌甲

原典

瀚海一望斥卤，无溪涧山谷，而沙中往往见螺蚌甲。蒙古相传云：当上世洪水时，此皆泽国也。水退而为壅沙耳。因思八卦之位[①]，坎居于北，故天下[②]水源大抵从北来。《孟子》[③]云：洪水泛滥于中国[④]。言泛滥者指其委如此，知其源必有所自矣。大凡水性就下，以东南为虚壑。故古来西北泽区水汇，见之史册者，今考据地志，已半为平陆，且以几千里枯泻，而仍名曰瀚海，意其本来必非即沙碛也。洪水之说近似有理，录之，以补前人所未发。

注释

①八卦之位：有多种解释，其中主要的一种解释是指八卦代表八个方位，坎卦代表北方。

②天下：全中国。

③《孟子》：是战国时孟轲（前372—前289）的弟子们所编纂的书，后来成为儒家经典之一。

④中国：上古时代，我国的先民华夏族活动于黄河中游一带，以为是天下之中，故称中国。后来以中国之名代表整个国家。

译文

瀚海一望无际的盐碱地，没有溪涧山谷，而沙子里往往见有螺蚌壳。蒙古人相传说：上古洪水时这些地方都是水乡泽国，大水退走后而积下沙堆。由此而想到八卦之位，坎居北方，所以天下水源大多从北方来。《孟子》说：洪水泛滥于中国。说泛滥是指其委实如此，知其源必然有出处。大凡水性都是由上往下流，以东南部为虚壑。所以古来西北水地大水汇聚之处，见于史书记载的，现在考据地志已经有一半变为陆地，况且以几千里范围干枯，而仍旧称为"瀚海"，意思是其本来必然不是沙漠。洪水之说近似有道理，摘录下来，以补充前人所未发。

上之中

贝 壳

瀚海词义衍变

康熙帝由沙漠上的贝壳，然后根据《孟子》、八卦知识，分析了西北为水之源头的道理，同时指出了瀚海的内容变迁。

瀚海原本指海洋，随着斗转星移，大漠桑田的变迁，瀚海的意思也发生了变化。在文字书籍中可以寻觅到变化的一些印记。唐代高适《燕歌行》中就有这样的诗句："校

059

尉羽书飞瀚海，单于猎火照狼山。"这时的"瀚海"指的是蒙古高原及其以西今准噶尔盆地一带广大地区。《西夏书事》中"瀚海"指的是灵州（今宁夏灵武西南）以南一带的沼泽地。元代耶律楚材《西游录》中"瀚海"一词开始用来指今新疆古尔班通古特沙漠。明代以后，"瀚海"专指戈壁沙漠。

瀚海石子

原典

瀚海沙中生玛瑙石子[1]，五色灿然，质清而润，或如榴房乍裂，红粒鲜明；或如荔壳半开，白肤精洁。如螺、如蛤、如蝶、如蝉[2]，胎厣[3]分显，眉目毕举。三年刻楮[4]之巧，未能过也。又有白质黑章若画，寒林秋月，雾岭烟溪，以至曳杖山桥、放牛夕照之景，宛然化笔。朕亲征额鲁特时，检得数百枚，赋形肖像，奇奇怪怪，莫可敷陈。造化生物之巧，一至此乎！

注释

[1] 玛瑙石子：就是玛瑙，矿物名，是各种颜色的二氧化硅的胶溶体。

[2] 蝉：昆虫纲，蝉科动物，又叫知了，学名蚱蝉。

[3] 胎厣：胎是孕育于人和哺乳动物母体内的幼体，厣是蟹类腹部下面的薄壳，胎厣在这里是指硬壳里面的薄膜。

[4] 三年刻楮：楮，即构树。语出战国《韩非子》一书，说有人花三年时间用象牙雕刻楮叶，放在楮叶中，分不出真假。后来用"刻楮"或"三年刻楮"比喻技艺的精巧。

译文

瀚海沙子里出产玛瑙石子，五色灿烂，质地纯净而光润，有的像石榴壳刚裂开，颗粒红丽鲜明；有的像荔枝壳半开，表面白色精洁。如螺、如蛤、如蝶、如蝉，胎厣区分明显，眉目分明。有三年刻楮那样的

玛瑙碎石

技巧都不能刻出更漂亮的。又有白质黑纹的就像图画一般，寒林秋月，雾岭烟溪，以至曳杖山桥、放牛夕照的景色，全是天然生成的画图。我亲征额鲁特时，挑选出数百枚，它们所具的形状与实物很相像，奇奇怪怪，无法一一叙述。造化生物之精妙，竟然到了这种程度！

沙漠奇石

康熙帝用"榴房乍裂、荔壳半开、寒林秋月、雾岭烟溪"等优美的词语描述沙漠之石的颜色、纹理、图案、质地等，赞叹自然造物之神奇。

沙漠之石大多系火山岩浆冷却后经过长期的自然变迁和日晒风蚀形成或是石英砂在经历了千万年后凝结而成。大漠石属硅酸盐类，同时包含了玛瑙、水晶、红碧玉、沙漠漆、

沙漠石

集骨石、玉髓等多种质地，不用雕琢，并且它们通常都经历风化、剥蚀、搬运、破碎等的自然磨砺抛光，这是它区别于其他古石类的一个显著特征。它的质地坚硬细密，圆润光滑，珠光宝气，色彩鲜艳丰富。观之有飞禽走兽、物什景观、人物造型等，千姿百态、变化万千；触之如抚婴儿之肌肤，润而不腻，令人心动。

青　马

原典

相传青马之种从海中来，其性最良。杜甫[①]诗所谓"安西都护[②]胡青骢[③]"是也。《说文》[④]曰：马，青白色曰骢。按《史记·天官书》，房星[⑤]在东，天驷[⑥]近之，故青色者多良马。又白色属金，金性坚久，故马白者主寿。此昔人贵青马所由来也。

注释

①杜甫：唐代著名诗人（712—770），有《杜工部集》，二十卷。

②安西都护：是安西都护府的简称，唐代所设置的六个都护府之一，管辖相当

于今新疆及以西广大地区。

③胡青骢：青白杂毛的马，胡青骢是指出产于少数民族地区的青白马。

④《说文》：即《说文解字》，东汉许慎撰，十五卷。

⑤房星：即房宿，为二十八宿之一，由四颗星组成。

⑥天驷：星名，为房宿四星之一，用以比喻良马。

青白马

译文

相传青马之种是从海里来的，其品性最好。杜甫诗所说"安西都护胡青骢"就是。《说文》说：马，青白色的叫骢。按《史记·天官书》的记载：房星在东，离天驷近，所以青色多好马。又，白色属金，金的性质坚固耐久，故白色马的为长寿的象征，这就是古人重视青马的原因。

青白色的良驹

康熙帝主要介绍了毛色青白夹杂的马是青骢马，它被称为好马，主要是性情温顺，又符合了古人白色主寿的理念，至于骢的解释是离古代房星近，有浪漫神话的色彩。

根据古人对马的研究，青骢马属于名马，居前三名地位。古人多钟爱，南北朝时阮郁骑青骢马与苏小小相遇，由于青骢马受惊，阮郁跌落马下，造就了一段凄美的爱情传说。隋初名将韩擒虎坐骑也是青骢马，时有谚语："黄斑青骢马，发自寿阳浃，来时冬气未，去日春风始。"《孔雀东南飞》中也有"踯躅青骢马，流苏金镂鞍"的句子。关于青骢马的诗句很多。现代由于克隆技术的发展，良马种类甚多，但是在广大的牧区或者养马基地，如果有青骢马出生人们必会十分高兴，认为走了吉运，但是这种吉运很少发生。

樱 额

原典

樱额①，果属也。产于盛京、乌喇等处，古北口②外亦有之。其树蔟生，果形如野黑葡萄而稍小，味甘涩，性温暖，补脾止泻。鲜食固美，以之晒干为末，可以致远，食品中适用处多，洵佳果也。今山庄之千林岛③遍植此种。每当夏日则累累缀枝，游观其下，殊甚娱目，不独秋实之可采也。（查《盛京志》④云：樱额一名稠梨子，实黑而涩，土人珍之，间以作面，暑月调水服之，可止泻。又查《本草》有楮李⑤，高者一二丈，低者八九尺，叶如李，但狭而不泽，子于条上四边生。生时青，熟则紫黑色，若五味子⑥。至秋，叶落子尚在枝。治水肿腹胀满，除疝瘕⑦、积冷。今关陕⑧间时有之。稠梨或即楮李，声讹也。）

注释

① 樱额：俗名稠梨子，一种小型野果，我国东北地区出产较多。

② 古北口：今北京密云县境内长城的一个隘口。

③ 千林岛：在承德避暑山庄内。

④《盛京志》：《盛京通志》的简称，清初伊巴汉等修，三十二卷。

⑤ 楮李：可能是楮的果实，产于黄河流域及其以南各地区。

⑥ 五味子：木兰科，五味子属植物的泛称，果实为中药。

⑦ 疝瘕：腹中因气游结块的一种疾病。

⑧ 关陕：关中、陕西的合称，实际上是同一地区，相当于今陕西省。

译文

樱额，果类。出产于盛京、吉林等地，古北口外也有。其树丛生，果实的形状像野生黑葡萄而稍小，味甜涩，性温暖，有补脾止泻作用。鲜吃固然甜美，而把它晒干加工成粉末，还可以带到远处。它在食品中有这样多的适用之处，实在是一种佳果。现在山庄的千林岛

樱 额

遍地种植这种果树。每当夏天，花朵累累挂在枝上。在树下游览观赏，特别悦目，而不仅是在秋天可以采摘果实。（查《盛京志》说：樱额，一名稠梨子，果实黑而涩，当地人珍视它，有时加工成面，暑天时调水服用，可以止泻。又查《本草》有楮李，树高的有一二丈，低的有八九尺，叶像李，但较窄而无光泽，果实在枝条上生长，未成熟时发青，成熟时变为紫黑色，像五味子那样。到秋天，叶落了，果实还在枝上。能治疗水肿、腹胀，消除疝瘕、积冷。今天关陕一带时常有这种果实。稠梨或者就是楮李，是由声音相近而发生的讹误。）

夏天采摘的野果

康熙帝在文中介绍了一种水果——樱额，出产于盛京、吉林等地，果实类似于黑葡萄，味甜涩有补脾止泻作用，可以夏天采摘果实，在山庄的千林岛遍地栽种增添了一分夏天收获的喜悦。康熙帝通过对《盛京志》《本草》的记载证实自己的说法。

樱额现在也叫此名，生于海拔 1200～1900 米的山坡树林、山谷灌丛中。分布于东北、华北及河南等地。落叶乔木，高达 8～10 米。小枝红褐色或灰绿色、老枝黑褐色，长柔毛。果实呈类球形或卵球状，直径 4～8 毫米，表面褐色。果肉内有果核 1 枚，质坚硬，表面有不规则皱纹，种仁淡黄色，富油质。气微，味甜、微涩。果实含糖分，种子含油量 38.79%，有健脾止泻的功效。

硝 硝

原典

前代禁止硝硝[1]不令出口，立法甚严，不知口外颇多产硝之地，喀尔喀[2]、厄鲁特地方有白色土，熬之即为硝，比中土所产更佳。始知天下有用之物，随地皆有，初不以中外异也。

注释

①硝硝：也作芒硝，一种化合物，即硫酸钠，呈白色结晶。

②喀尔喀：今内蒙古自治区的奈曼、敖汉、巴林和扎鲁特旗、锡林郭勒盟的一部分及蒙古人民共和国的东南部。

译文

明代时禁止芒硝出口，立法甚严，不知口外有很多产硝的地方，喀尔喀、厄鲁特等地方有白色土，熬之就成为硝，比内地所产的还好。由此知道天下有用的东西，到处都有，本来就不因中外而有所差别。

芒　硝

芒　硝

康熙帝在文中介绍了明朝禁止的化工原料芒硝，指出了它的产地广泛。

现在知道芒硝多产于海边碱土地区、矿泉、盐场附近及潮湿的山洞中。全国大部分地区均有分布。芒硝是一种硫酸盐矿物，是硫酸盐类矿物芒硝经加工精制而成的结晶体。芒硝的晶体为短柱状或针状，一般这些晶体聚集在一起成块状、纤维团簇状。它们或无色或白色，具有玻璃光泽，入水即化。芒硝在干燥的环境下会失去水分而变成粉末状，这时就称为无水芒硝，化学名称为十水硫酸钠，又名格劳柏盐，化学式（$Na_2SO_4 \cdot 10H_2O$）。医药上可以主治破痞、温中、消食、逐水、缓泻，用于胃脘痞、食痞、消化不良、浮肿、水肿、乳肿、闭经、便秘；工业上芒硝可以用来提取硫酸铵、硫酸钠、硫化钠等化工原料，还是制造洗衣粉的重要原料。

木化石

原典

黑龙江、乌喇等处，水极凉。河中尝有木化为石①，形质与石无异，而木之纹理及虫蠹之迹仍宛然未泯。或有化石未全，犹存木之半者。以之磨砺刀箭，比他石为佳。又鹿角、人骨亦能变石。造物②之巧，种种化机，非意想所能及也。

注释

①木化石：是一种常见的植物化石，由次生木质组织部分被二氧化硅或其他化学物质替换而成。

②造物：创造万物的自然。

065

译文

黑龙江、吉林等地方，水极凉。河流中曾有树木变化的石头，样子质地与石没有区别，就连木头上的纹理和虫蛀过的痕迹也明显地保留着，仍没有泯灭。有的石化未全，还保存一半木质。用它来磨刀箭，比别的石头还好。又鹿角、人骨也能变成石质。造物之巧妙，有种种变化机巧，不是人能想象得到的。

木化石

神奇的木化石

硅化木

康熙帝观察仔细，指出东北地区因气候寒冷，有木化石的发现。木化石纹理分明，有的还含有一半木质，不过比木头硬比石头软，由此带出人骨、鹿角化石，慨叹自然造化之精妙。

现在知道木化石又称硅化木。古代树木因火山喷发或地壳运动等地质作用而被埋入地下，由于处于缺水的干旱环境或与空气隔绝，木质不易腐烂，在漫长的地质作用过程中被含硅钙物质交换替代，替换的过程保留了木质的纤维结构和树干的外形，使树木变成化石。虽然还保留着木头的外观，但实质上已经是百分之百的石头（石英）了。通常木化石均有较多裂缝或缺口，还常常有些地方木头化石已被别的物质如玛瑙等填塞置换，这些都是经过漫长岁月形成的自然产物，而非人为填补的结果，不应视为瑕疵反而这正是其奇妙之处。西方的神秘学家们认为木化石具有永恒、长寿、永生的能量特性。

泰山山脉自长白山来

原典

　　古今论九州①山脉，但言华山②为虎，泰山③为龙。地理家④亦仅云泰山特起东方，张左右翼为障。总未根究泰山之龙，于何处发脉。朕细考形势，深究地络，遣人航海测量，知泰山实发龙于长白山⑤也。长白绵亘乌喇之南，山之四围百泉奔注为松花⑥、鸭绿⑦、土门⑧三大江之源。其南麓分为二干：一干西南指者，东至鸭绿，西至通加⑨，大抵高丽诸山皆其支裔也；其一干自西而北，至纳禄窝集⑩复分二支，北支至盛京为天柱隆业山⑪，折西为医巫闾山⑫。西支入兴京门⑬，为开运山⑭，蜿蜒而南，旁簿起顿，峦岭重叠，至金州⑮旅顺口⑯之铁山⑰，而龙脊时伏时现，海⑱中皇城、鼍矶⑲诸岛皆其发露处也。接而为山东登州⑳之福山㉑、丹崖山㉒。海中伏龙于是乎陆起，西南行八百余里，结而为泰山，穹崇盘屈为五岳㉓首。此论虽古人所未及，而形理有确然可据者。或以界海为疑。夫山势联属而喻之曰龙，以其形气无不到也。班固㉔曰：形与气为首尾。今风水家有过峡，有界水。渤海者，泰山之大过峡耳。宋魏校《地理说》曰：傅乎江，放乎海。则长白山之龙，放海而为泰山也固宜。且以泰山体位证之，面西北而背东南。若云自函谷而尽泰山，岂有龙从西来而面反西向乎？是又理之明白易晓者也。

注释

　　①九州：传说中我国中原地区最早的行政区划分为九州，《禹贡》上的州名为冀、兖、青、豫、徐、扬、荆、梁、雍，其他书上所记载的又略有不同。

　　②华山：位于陕西东部华阴市内，为五岳之一。

　　③泰山：位于山东西部济南之南，为五岳之一。

　　④地理家：旧社会看风水的人，不是现代研究地理学的专家，但由于看风水的需要，这种人也多少知道一些地理方面的知识。

　　⑤长白山：我国东北第二大山脉，主要在东北东南部吉林省境内和朝鲜北部。

　　⑥松花：我国东北境内的大江，发源于长白山，北流在哈尔滨向东折，在黑龙江省同江县内进入黑龙江。

　　⑦鸭绿：发源于长白山，为中朝两国的界河，西南流入黄海。

　　⑧土门：即今图们江，位于我国吉林东南与朝鲜交界处，入日本海。

　　⑨通加：在今辽宁省境内。

　　⑩纳禄窝集：又作"纳噜窝集"，位于今吉林通化市西北，

该地清初时为一原始森林区。

⑪ 天柱隆业山：就是天柱山，在今沈阳东郊，清东陵所在地。

⑫ 医巫闾山：在今辽宁西部北镇市和义县之间。

⑬ 兴京门：古地名，在今辽宁新宾县东与吉林交界处。

⑭ 开运山：即今辽宁新宾县城关镇西之启运山。

⑮ 金州：明洪武年间设置金州卫，管辖今辽东半岛南端，治所在今辽宁金县。

⑯ 旅顺口：今辽宁大连市旅见区的一个港口。

⑰ 铁山：在今辽东半岛之尖端，又称老铁山。

⑱ 海：此海专指辽东半岛到山东半岛之间的海域，即渤海海峡和庙岛列岛一带。

⑲ 皇城、鼍矶：即今庙岛列岛中之（南、北）隍城岛和砣矶岛。

⑳ 登州：清代登州府，治所在今山东蓬莱市蓬莱阁。

㉑ 福山：在山东省福山县西北。

㉒ 丹崖山：在山东北部。

㉓ 五岳：中国五座名山，除上述华山、泰山之外，还有恒山（在山西浑源境内）、嵩山（在河南登封境内）和衡山（在湖南衡山境内）。

㉔ 班固：东汉史学家（32—92），著《汉书》，一百二十卷。

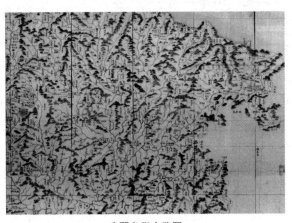

康熙皇與全览图

译文

古今论述九州山脉的，只是说华山为虎，泰山为龙。地理家也仅说泰山耸立起于东方，张开左右两翼为屏障。都未根究泰山之龙从何处发脉。

我仔细考察过（地理）形势，深入研究了地理脉络，又派人航海测量，知道泰山这条龙实际发源于长白山。长白山绵亘在吉林之南部，山的四周百泉奔注，为松花、鸭绿、图们三大江的源头，它的南麓分为两干：一干指向西南，东至鸭绿江，西至通加。大体上高丽诸山都是长白山的

泰山风景

支脉。另一干自西而北，到纳禄窝集。又分为两支，北支到盛京，为天柱隆业山，折向西为医巫闾山；西支入兴京门，为开运山，蜿蜒而南，磅礴起伏，峦岭重叠，到金州、旅顺口之铁山，而龙脊时伏时现，海中皇城、鼍矶诸岛屿，都是（龙脊）露出的地方，接而为山东登州的福山、丹崖山。海中伏龙于是乎在陆地上起来，西南行八百余里，聚结为泰山。泰山穹崇盘曲为五岳之首。这种议论虽然古人没有说过，然而从形、理上有确凿的根据。有人以隔海为疑问。实际是由山势接连而比喻为龙，因其形气没有不到的。班固说：形与气为首和尾。现在风水家有过峡和界水之说。像渤海，就是泰山之大过峡。宋魏校《地理说》说："傅乎江，放乎海。"所以长白山之龙，放入海而成的泰山确实是有根据的。且以泰山的形状、位置可证明：面向西北而背向东南。如果说来自函谷而尽头为泰山，岂能有龙从西来而面反过来西向呢？这个道理是容易明白的。

泰山山系归属探究

康熙帝指出地理学家没能够探究泰山的山系归属，于是仔细考察过（地理）形势，深入研究了地理脉络，又派人航海测量，得出泰山归属长白山系的结论。又从泰山龙山的龙头及龙尾的古代风水观念角度进行合理阐释。

今天看来，康熙帝探究泰山山系的归属是迎合汉文化追根溯源的理念，通过"考明"泰山并非自中干而来，而是发脉于长白

康熙南巡·济南府城

康熙南巡·泰安州

一峰，从地缘上来证明，满汉实为一体，即有着共同的文化根源。因此康熙"泰山龙脉"的命题，不仅为满洲入主中原寻找到了地理上的依据，同时也为他在政治上破除两族畛域、实行"满汉一视"觅到一条理论武器。地理上康熙帝虽然无法从太空鸟瞰中国大地，而直接得到泰山源自长白山的结论，今天，借助现代化的科技手段的确可以确认康熙帝"所创"泰山龙脉论的不虚。

黑龙江麦

原典

黑龙江所产之麦最佳，色洁白，性复宜人。相传中国麦种之佳者，系西域携来。鄂罗斯地在西陲[①]，万里有余。黑龙江上流原系鄂罗斯所居，其种亦自西来，所以麦之佳，较他处尤胜也。

注释

① 陲：边疆，国境，靠边界的地方。

译文

黑龙江出产的麦子最好，颜色洁白，性又适合于人。相传中国麦种优良的，系由西域带来。俄罗斯地在中国西部边境外万里有余。黑龙江上游原被俄罗斯人所居住，麦种也是从西域来的，所以麦子优良，比其他地方的更好。

来自俄罗斯的麦种

康熙帝说黑龙江出产的麦子最好，颜色洁白，性又适合于人。黑龙江的麦子之所以好，原因是黑龙江曾居住过俄罗斯人，麦种是从俄罗斯传过来的。

麦是中国的古老农作物品种之一。早在远古时期，中国就有"菽麦黍稷"的记载。黑龙江的麦种可能有一部分来自俄罗斯，这也许是为了适应相同的气候特征。据说当时东北的气候寒冷，中原地区的麦子不适宜生长。为了解决当地粮食生产问题，一位俄罗斯的传教士坐着装有麦子的轮船去东北，不小心在鞋子里面带了几十粒麦子。于是传教士就在教堂旁边的空地上种植，结果大获丰收，从此东北就引种这种小麦。现阿尔泰边疆区是俄罗斯三大小麦生产基地之一，也是世界文明的优质小麦产区，边疆区气候属典型的大陆性气候。较长的生产周期，使得小麦粉营养价值相对较高，面筋含量最高可达 32%，富含人体所需的 8 种氨基酸以及钙、铁、锌、镁、钾等微量元素，是纯天然绿色食品，这正好印证了康熙帝所说从俄罗斯引进麦种的特点。

黑龙江麦

《本草》药名

原典

　　药料之名，有中外声音相似者，如《本草》之诃黎勒[1]，土伯特呼为阿鲁拉。大约此种原产自外蕃[2]，传入中土，故因仍旧名，但声音微有不同耳。如《本草》中有莨菪子[3]（莨菪音浪荡），其名即蕃名，似亦从外蕃传来。不察来由，多为解说。勉强附会者，不止于此，皆可无庸也。

注释

　　[1] 诃黎勒：又称"诃子""阿鲁拉"。生长于广东的一种植物，种子可食，也可入药。有人认为是从波斯（今伊朗）传来。李时珍说"诃黎勒，梵言，天主持来也"。

　　[2] 外蕃：有广、狭两种含义。广义是指中国中原以外的地区，包括中国边疆地区和外国。狭义是指外国。

　　[3] 莨菪子：又称"天仙子""菲沃斯"，茄科，叶、种子等都可药用。

译文

　　药物的名称，有中外语音相似的，如《本草》的诃黎勒，土伯特叫作阿鲁拉。大约这种药物原来产自外蕃，传入中国内地，所以仍沿用旧名，而语音微有不同罢了。如《本草》中有莨菪子（莨菪音浪荡），它的名字就是蕃名，可能也是从外蕃传来的。人们不考察来由，多为解说。牵强附会的地方不仅仅在这些问题上，其实都是大可不必的。

本草中的音译词

康熙帝指出了《本草》的一些药名是外来词，世人对此的解释有的牵强附会，过多注重名字其实没有必要。

社会交往的频繁，相同东西叫法不同很正常。由于民族习俗的差异，有时为了交流的方便或者书写的方便就采用了音译手法，诸如佛教中的很多词语都是来源于印度的音译法，汉语言从字面上无法解读其含义。现代中国语言中外来音译词很多，如坦克、安琪儿、芭蕾、奥斯卡金像奖、啤酒、保龄球、白兰地酒、乒乓球、英国、扑克、汽车、葡萄牙、罗曼蒂克、休克、沙发等，但是人们也都知道其意思和用途。所以，《本草》中有一些外来词是很正常的事情。

查 克

原典

查克①，木名也。瀚海一带多有之，其树无皮，当枝干青翠时，著火即燃，不必待其枯槁。烧时有焰，而无烟，与炭相似，且耐久不熄，亦木中罕见者。

注释

① 查克：生长于沙漠中的一种植物。

译文

查克，木名。瀚海一带多有生长，这种树没有树皮，还在枝干青翠时点火就能燃烧，不必等到枯槁。燃烧时有火焰而无烟，与木炭相似，且经久不熄，这也是树木中所罕见的。

青翠能燃的植物

康熙帝介绍了沙漠中一种绿色无皮植物，名查克，青翠时就容易点燃，而且点燃时无烟，与木炭很相似，这是自然的奇观。康熙帝说的可能是沙漠中一种类似于紫薇性质的荆棘类植物，它耐干旱，因为容易被病虫侵害，树皮自然褪尽，植物本身体内水分较少，极其容易燃烧。

葡 萄

原典

　　葡萄来自西域，中土所有之种无多。近得哈密回子等地方各种，植于御苑^①中。结实有白者、绿者、紫者，长如马乳者。又一种大葡萄，中间有小者，名公领孙。又一种小者，名琐琐葡萄。种类虽殊，食皆甘美，移植南方便失本味。大约其性北方沙石水土相宜。

注释

　　① 御苑：皇帝、君主的花园。

译文

　　葡萄来自西域，内地有的种类不多，近来得到哈密等地方的各种葡萄种，种植在皇宫的园林中。所结果实有白的、绿的、紫的，长得像马乳房那样大小。又有一种大葡萄，中间有小的，名叫"公领孙"。又有一种小的，名叫"琐琐葡萄"。种类虽然不同，但吃起来都很甜美。移植到南方，便失去了本来的味道。大概是它的性情适宜于北方的沙石水土。

哈密葡萄

哈密葡萄

　　康熙帝在文中主要介绍了哈密地区葡萄的品种、颜色以及移植皇家园林的有关历史和南方移植失去本味的特点，由此得出了葡萄适应沙石土壤的结论。

　　葡萄本身就是音译词，是新疆地区从西亚、欧洲引进的，在我国已有两千多年的历史，尤其以哈密、吐鲁番著名。现在两地葡萄产量占全国的90%以上。葡萄之所以适应新疆广泛种植，是由葡萄的生长习性决定的。葡萄喜阳光，怕多雨，哈密干旱少雨且光照充足；葡萄需要充足的水分，哈密充足的雪山融水，保证了灌溉的需要；葡萄对土壤的要求也比较特别，哈密特殊的土壤适合葡萄扎根。哈密葡萄正向优质无核方向发展，其品种众多，如今葡萄、葡萄干、葡萄酒已成为当地经济发展的重要支柱。

堪达罕

原典

索约尔济等地方，有兽名堪达罕[1]，鹿类也。色苍黑，项下有肉囊如繁缨[2]。大者至千余斤，其角宽扁，以之为决（《诗经》[3]："决拾既饮"[4]，注：决以象骨为之，著于右手大指所以钩弦开体。），胜于象骨。世人贵之。其四蹄能驱风，凡转筋等症，佩于患处为效甚速。

麋鹿（四不像）

注释

①堪达罕：就是麋鹿，俗称四不像，鹿科动物。

②繁缨：古代诸侯所使用的马腹带饰。

③《诗经》：我国最早的诗歌总集，大约成于春秋时期，当时称为《诗》，汉代始称为《诗经》。

④决拾既饮：决，用骨制成的扳指，套在右手拇指上用以拉弦。拾，用皮革制成的护臂，都在射箭时使用，"决拾既饮"，出自《诗经·小雅·车攻》篇。

译文

索约尔济等地方有一种野兽，叫堪达罕，属于鹿类。毛色苍黑，颈下有肉囊如繁缨，大的有一千多斤。其角宽扁，用这角做决（《诗经》"决拾既饮"，注：决，用象骨做成，套在右手大拇指上，用以钩弦开体），优于象骨，世人对它很珍视。它的四蹄能驱赶风邪，凡是扭筋等症，佩戴于患处，收效很快。

稀有的四不像

康熙帝文中所说的堪达罕，鹿类，颜色苍黑，脖子底下有肉囊，大的一千多斤，它的角可以做酒器，蹄子是祛风的良药。

堪达罕就是今天的麋鹿，它的犄角像鹿，面部像马，蹄子像牛，尾巴像驴，但整体看上去却似鹿非鹿，似马非马，似牛非牛，似驴非驴，故获得"四不像"的美名。"四不像"曾经广泛分布于我国的华北和中原的沼泽低洼地区，而到了明清时期，开始从野外绝灭而成为一种园林动物。最后一群"四不像"被保留在北京城南 3 千米之外的"南海子"皇家猎苑中。1901 年，全世界仅有"四不像"18 只。经过科研人员的不懈努力，目前麋鹿数量已繁殖至 500 余只。

汶上县分水口

原典

朕屡南巡，经过汶上县分水口，观遍汶分流处，深服白英相度开濬之妙。考河渠通漕诸书，初元人遏汶水北出阳谷以通卫水，南出济宁以通泗水，其分水之处为会源闸①，即今济宁之天井闸也。然按其地势，南自沽头②以达河淮，洵为便利。而北由安居③至南旺④，南旺地高于天井，安能激水逆流，而使之分乎？故当时虽多设闸坝，而尝患漏竭，即水盈满亦仅可胜小舟而已。至明永乐⑤时，总督河道⑥宋礼⑦用老人白英之策，筑戴村坝⑧以遏汶，导致出鹅河口⑨，入南旺湖⑩。然后分流南北。以分水口为水脊，因势均导，南得四分，北得六分。增修水闸以时启闭，漕运遂通。今南北流惟吾所用，如浅于南，则闭南旺北闸；浅于北，则闭南旺南闸。湖、泉并注，南北合流，虽有旱暵，靡不有济。每岁东南漕艘，无或滞留，此皆白英遏汶分水之功也。相传英当日每徘徊汶、济之间，积数十年精思，一旦确有所见，决为此议。三百余年行之无弊，所谓因地之宜，顺水之性也。

注释

①会源闸：元代运河上的一个闸门，在今山东济宁市附近。

②沽头：元代大运河上的闸门，位于今江苏沛县东南。

③安居：在今山东济南市西南。

④南旺：在今山东南旺湖的东北部。

⑤永乐：明成祖朱棣(1403—1424)的年号。

⑥总督河道：管理河道的官员，就是河道总督。

⑦宋礼：明代官员，曾任河道总督。

⑧戴村坝：明代汶水上的一坝，位于今山东东平县四汶集。

⑨鹅河口：位于戴村坝东南。

⑩**南旺湖**：在山东西南部，济宁市西北。

译文

我经常到南方巡视，经过汶上县分水口，观察遏汶分水处，很佩服白英考察开浚之妙。查阅河渠通漕诸书知道，起初元代人遏止汶水北出阳谷以通卫水；南出济宁以通泗水，其分水之处为会源闸，就是今在济宁的天井。然而按其地势，南自沽头到

康熙南巡图

达黄河和淮河，实在便利。而北从安居到南旺，南旺的地势高于天井闸，怎么能激水倒流，而使它分水呢？所以当时虽然多建闸坝，而仍苦于河水常会漏干，就是水满时也仅能载负小船而已。到明永乐时，总督河道宋礼采用老人白英的计划，建筑戴村坝用来遏制汶水，引导它出鹅河口进入南旺湖，然后分流南北，以分水口为分水脊，因势均衡分导。南得四分，北得六分。增修水闸，按时启闭，漕运遂通。现在南北分流为我们所利用，如南边浅了则关闭南旺北闸，北边浅了则关闭南旺南闸。使湖、泉之水都注入，南北合流，虽然有时干旱，但都能得到接济。每年东南漕船也没有滞留的。这都是白英遏汶分水的功劳。相传白英当时往返汶上与济宁之间，积累数十年的深入思考，一旦确实有所见解，决定提出此项建议，实行了三百多年而没有弊病。这就是因地制宜、顺水之性（规律）啊。

智慧的宋礼、白英

康熙帝南巡时看到了汶上分水口，批评了元人建造的不足，称赞白英数十年的观察和宋礼的坚决实践，提出了因地制宜的伟大思想。

宋礼、白英创设的南旺分水枢纽工程，使得京杭大运河成为明清两代畅通南北的水路交通大动脉。为纪念他们，明正德年间于运河右岸建宋公祠、白公祠、分水龙王庙。对南旺分水工程的伟大创举，《敕封永济神开河治泉实迹》中赞道："此等胆识，后人断断不敢，实亦不能得水平如斯之准"，真是"创无前而建非常也"。清朝康熙皇帝曾说："朕屡次南巡，经过汶上分水口观遏汶上分流处，深服白英相度开复之妙。"清乾隆帝曾六次南巡，都在南旺分水口留下诗篇，对宋礼、白英治水功绩倍加赞赏。诗赞曰："清汶滔滔来大东，自然水脊脉潜洪。横川儁注势非午，济运分流惠莫穷。

人力本因天地力，河功诚擅古今功。由于大功原无巧，穿凿宁知禹德崇。"民国初年，全国水利局聘请的荷兰水利专家方维因赞叹："此种工作，当14至15世纪工程学胚胎时期，必视为绝大事业。彼古人之综其事，主其谋，而遂如许完善结果者，今我后人见之，焉得不敬而且崇也。"

京杭大运河

诗文以命意为上

原典

诗文之道以命意为上，意在笔先，然后发为文词，形诸歌咏，自能超出众人之表。令读书寻味无穷。所以古来名人著作，皆言近而旨远，千载而下，尤如见其心思，聆其謦欬，此皆以敬诚意胜，不徒以华丽之胜也。若胸无卓见，于理祗以铺叙辞藻为工，虽丰彩可观，而实意已鲜①，欲以传世而行远，不亦难乎？

康熙《御选唐诗》内页

注释

① 鲜：少。

译文

诗文之道以命意为上，意在笔先，然后才抒发为文辞，而形成歌咏，自然能超出众人之上，令人阅读后玩味无穷。所以古来名人写书，都说得浅近，但意义深远，千年之后犹如看见他的思想活动，听到他的言谈笑语。这都是以其心诚意取胜，而不是光用华丽文辞取胜的。如果胸中没有卓见，要阐述理论，就只在铺张辞藻上下功夫，虽然丰采可观，但是实际意义很少，想要传世和流传开来，不是很难吗？

论诗

康熙帝对于写诗提出了"诗文之道以命意为上"的观点，并指出"铺张辞藻，实际意义很少，想要传世和流传开来很难"。

著名美学专家朱光潜认为，中国文学中最有特色、成就最高，也是西方文学望尘莫及的，就是诗词。诗词具有移情之美，移情之美是建立在渊博的知识和事实之上的，这和康熙帝所说的命意为上不矛盾。只有对生活有感觉，才能写成"菊残犹有傲霜枝""云破月来花弄影"的佳句，只有在对生活无限的提炼和思考中，才能写成"数峰清苦，商略黄昏雨"的千古经典。今天我们在写文章时更应该提倡言之有物，不做无病呻吟。

康熙的书法

落叶松

原典

五台①及口外②兴安③高寒之地，有树名落叶松④。枝干与杉⑤无异，而针亦青葱如盖，惟经霜雪后则叶尽脱。其木质甚坚，有微毒，斫伐时误入肌肤骤难平复。根株历久不朽，沉埋水土中则为石，可供磨砺之需，亦松杉之别种也。

注释

① 五台：山西五台山。

② 口外：指长城以外。长城在一些险要路口设关口，如张家口、古北口等，口的外面就是口外。

落叶松

③ 兴安：指兴安岭山脉。

④ 落叶松：松科，落叶松属落叶乔木。喜光耐寒，木材坚硬耐用，我国共有十种，均分布于高山地区。

⑤ 杉：又称"沙木"，杉科，常绿乔木。

译文

五台及口外兴安高寒的地方，有种树叫落叶松。枝干与杉树无异，而针（叶子）也青葱如车盖，但是经过霜冻雪寒之后则叶都脱落。其木质很坚硬，有微毒，用刀斧砍伐时误入肌肤，难于迅速康复。树根经久不朽，沉没水土中则变为石，可以供磨砺之用。这也是松杉的另一品种。

东北松

康熙帝通过对树形、树叶、树质、树根的记述，描述了生长在口外及外兴安岭的一种落叶乔木。

康熙帝所指的落叶松，今天也叫这个名字，由于东北地区广布，俗称东北松。落叶松能高达 35 米左右，胸径 60～90 厘米；幼树树皮深褐色，裂成鳞片状块片，老树树皮灰色、暗灰色或灰褐色，纵裂成鳞片状剥离，剥落后内皮呈紫红色；枝斜展或近平展，树冠卵状圆锥形。落叶松是喜光的强阳性树种，适应性强，对土壤水分条件和土壤养分条件的适应范围很广。在最低温度达 −50℃的条件下也能正常生长。分布于东北大小兴安岭、老爷岭、长白山、辽宁西北部、河北北部、山西、陕西秦岭、甘肃南部、四川北部及西部和西南部、云南西北部、西藏南部及东部、新疆阿尔泰山及天山东部。落叶松的木材重而坚实，抗压及抗弯曲的强度大，而且耐腐朽，木材工艺价值高，是电杆、枕木、桥梁、矿柱、车辆等的优良用材。它们还是优良的园林绿化树种，并可以制作落叶松阿拉伯半乳聚糖。

土鲁番地极热

原典

土鲁番地方，去雪山不过百里之内，天气极热。其人皆入夜始出耕种，若日出以后，则暑不可耐。且其地多碛石[①]，赤日中石热如火，触之有焦烂之患。古称西域流沙多热风，人物当之皆迷仆。或疑其言之太过，由今观之，实有符于古所传者。

注释

① 碛石：沙石。

译文

吐鲁番地方离开雪山不超过百里，天气极热。那里的人都是入夜才出去耕种。若是日出以后，就热得难以忍受。而且那地方多砂石，赤日照石热如火。碰到石头会烧得皮焦肉烂。古人所说西域流沙多热风，人和动物遇上都昏迷摔倒，有人怀疑这种说法太过分。由现在看来，确实是符合古人传说的。

火焰山

吐鲁番火炉之名

康熙帝在叙述吐鲁番之热时说：那里的人入夜而作，日出而歇，石头会把肉烤焦，热风把人和动物吹昏迷。可见吐鲁番之热由来已久，吐鲁番早已成为全国的四大火炉之一，它 6、7、8 三月的平均气温都在 30℃以上，绝对最高温度可达 47.8℃，盆地中部有一条东西向红色砂岩构成的低山，夏季骄阳照射在红色砂岩上，红光反射，犹如火焰，被称为火焰山。人们都知道高温与火焰山有关，其实真正的原因是因为吐鲁番是天山地区陷落最深的盆地，最低处在海平面以下 155 米，是我国陆地最低的地方。盆地周围有四五千米不等的山岭环绕，受副热带高气压控制而产生的高温，热量很难散发，所以成为我国夏季气温最高的地方。近年来此旅游的人都亲自品尝热沙煮鸡蛋的特色风味，由此可见其炎热非同一般。

《康熙几暇格物》的流传性

清康熙寿山石瑞兽钮"渊鉴斋"玺

《康熙几暇格物》在很长一段时间之内好像并没有单行本的出版，但这并不妨碍它的流传，很多文字都被引用在其他人的文章和书籍里。比如：清吴振棫的《养吉斋丛录》卷二十就有"仁庙《康熙几暇格物编》，有'星宿海'一条"。把《康熙几暇格物》单独拿出来刊印的人是清末的盛昱，字伯熙，满洲镶白旗人，光绪十年曾为国子监祭酒。十五年因病还家，《清史稿》"宗室盛昱"中说他"家居有清誉，承学之士以得接言论风采为幸"。据说现在见到的盛本《康熙几暇格物》是光绪年间刊刻的大字石印本，共两册。书的末尾有"朝议大夫前国子监祭酒臣宗室盛昱敬录"字样。我们可以猜测他编纂刊刻《康熙几暇格物》的时间大约应该在光绪十五年到二十五年之间。

盛本上下两册，每册又分上中下三部分，和《康熙御制文》六卷相对。即《御制文》的卷二十六是盛本的上册之上，依次类推。

后来又有清邹凌沅编辑的《通学斋》丛书收入了《康熙几暇格物》一书，是该丛书的第十六册，单印为一册出版。还有光绪癸卯上海鸿宝斋的石印本一册，分为上下卷。据说清末《北洋学报》登载的北洋官报总局出售的书目中也有《康熙几暇格物编》。

很多研究者认为《康熙几暇格物》这本书，在科学史上是一部很有价值的作品，记述了康熙年间的一些科研成果和康熙帝自己的一些科研活动，还有康熙帝自己对科学的独到见解，反映了他宝贵的科学思想。

一

上之下

上之下卷从品朱子文章、回族丝织、蒙古迁徙、朝鲜造纸、马口柴史，到白龙堆传说、同声相应、水质鉴定、温泉探究，体验人文和探寻自然，而累黍、飞狐、阿霸垓盐则是一种对动植物及矿产的揭秘。

回族舞蹈和服饰风情画

飞 狐

蒙古包

温 泉

文章体道亲切惟有朱子

原典

朕自冲龄留心载籍，嗜读古人之文，选秦汉以及唐宋诸名作勒为一书，逐篇亲加评论，名曰《古文渊鉴》[①]，旋授梓颁赐，以广其传于天下。迩年来常置案头，以备温习。兹于避暑山庄，万几之暇，翻阅经史、性理[②]诸书，复取古文披览一过，其中气韵古雅，辞藻典赡，各擅所长，固极文章之能事。至于体道亲切，说理详明，阐发圣贤之精微，可施诸政事，验诸日用，实裨益于身心性命者，惟有朱子之书驾乎诸家之上，令人寻味无穷，久而弥觉其旨。此朕读书嗜古，阅历数十年之后，有得于心，特为拈出，善读书者当必能知之。

注释

①《古文渊鉴》：徐乾学（1631—1694）奉康熙帝之命编纂成的古代文集，六十四卷。

② 性理：宋代儒家学者所提倡的性命和理气之学。

译文

我从幼小时就留心书籍，爱读古人的文章，选择秦汉以及唐宋时期有名的作品，编成一书，每篇都亲自加以评论，取名为《古文渊鉴》，不久刊刻出版颁赐，让它广泛在全国传播。近年来，还常放置案头，以备温习。这次在避暑山庄，于万几之暇仍翻阅经史、性理等书，又取古文披览一过。其中气韵古雅，辞藻富丽，各有擅长，确实极尽文章之能事。至于亲切地体认天道法则，详尽地说明道理，阐发古圣贤的微言奥义，而且能够在故事中运用它，在日常生活中验证它，确实能有益于身心与道德修养的作品，唯有朱熹的著作，凌驾于诸家之上，令人寻味无穷，阅读久了，愈发觉察到其含义。这是我读书嗜古经历数十年之后的心得，特意取出，善于读书的人当然能知道这个道理。

朱子简介

康熙帝日理万机的闲暇酷爱读书，著有读书札记《古文渊鉴》一本，品评各类文章的优美与精要，在叙事论道、治国安邦、人生修炼等方面，康熙帝首推朱熹。

朱熹（1130—1200），中国南宋思想家。字元晦，号晦庵，徽州婺源（今属江西）人。理宗宝庆三年（1227）赠太师，追封信国公，改徽国公。《朱子家训》流芳千古，其中"黎明即起，洒扫庭除，要内外整洁。既昏便息，关锁门户，必亲自检点。一粥一饭，当思来之不易，半丝半缕，恒念物力维艰"脍炙人口。朱熹的成就主要表现在理学思想、教育思想、美学思想三个方面，其中理学思想的义理学说、理气论、动静观、格物致知论、人性二元论博大精深，世人尊称他为"朱子"。

朱子像

回子居地产丝

原典

西北回子居住地方产丝绵，以之制甲，其坚固胜于中土，大约四十层可敌浙江之丝八十层。向来不知外国①出丝也。

注释

①外国：指中国内地以外的边远地区。

译文

西北回民居住的地方出产丝绵，用来制造甲胄，其坚固胜于内地，大约四十层可顶浙江的丝八十层。向来不知外地也出产丝。

蒙古居处有定

原典

塞外情形不可臆度，必亲履其境，然后能知之。古称蒙古迁徙无常，但逐水草而居，似乎无一定之所，可以任意栖止矣。不知塞外地虽空旷，亦有水草不能相兼者，若有草无水，虽欲驻牧于此，其势断有所不能。是知毡庐毳幕①常有不定之形，而其实则不越乎平日所居之故址也。又古人尝谓春月蒙古马瘦，朕北征时正值春月，未见蒙古不能移动。倘遇寒风雨雷，内地所骑马骡之类，在京中毛已换尽故有倒坏。口外地寒，其马冬毛尤在。所伤者皆内地之马，蒙古之马依然无恙。此亦古人未亲履其地而论之也。

注释

① 毳幕：游牧民族居住的毡帐。

译文

　　塞外的情况不能随意猜想，必须亲自到那些地方，然后才能知道。古人说蒙古人迁居不确定，是逐水草而居，似乎没有一定的住所，可以任意休栖停留。不知塞外地方虽然空旷，但也有水草不兼有的地方，如果有草无水，虽然想在那里驻扎放牧，

蒙古包

而其环境则不允许。由此可知，虽然蒙古人的毛毡帐幕常有不固定的处所，但是其实不超出平日所居住的旧地址。还有，古人常说春天时蒙古马瘦，我北征时，正赶上春天，没有见到蒙古地方有不能走动的马。倘若遇上寒风雨雪，内地所骑的马骡之类牲口，在北京毛已经换尽，因此有损伤的。口外地寒，那里的马冬毛还在，所伤的都是内地的马，蒙古地方的马依然无恙。这也是古人未亲到其地而发的议论。

蒙古人游牧迁移的规则

　　康熙帝在论述蒙古族的居所时，谈到了蒙古人移居毡房必在水草丰美的地方，水草二者缺一不可，因此形成了迁移毡房的固有模式及地点。蒙古族所骑的马脱毛换季

比内地晚，不至于冻死，也为迁移提供了保障。

蒙古语"敖特尔"是汉语"迁徙"的意思，蒙古族迁徙分为近距离和远距离两种。近距离是在自己所属的地域内选择较好的草场，远距离是到较远的地方借用他乡的草场。正常情况一年之中游牧四地，即春营地、夏营地、秋营地、冬营地，相对稳定，在选定四季营地后要先做记号，选择吉祥的日子搬迁，蒙古民族认为每月初三、四、五、十二、十三、十四、二十二、二十三、二十四日是对人畜都有利的吉日。拆盖蒙古包时要按顺时针方向，依次拆盖、搬迁。勒勒车是蒙古族搬迁时使用的传统交通运输工具。"逐水草而迁徙"一可增加牲畜的膘情，增强抵御自然灾害的能力，二可轮歇草场、保护草场。迁徙本身是一种协调人、自然与牲畜三者关系的自然法则，也是人类文明所发现的重要哲理之一。

游牧迁徙

白龙堆

原典

白龙堆①，古沙碛也。汉时为楼兰②、姑师③地。今蒙古部敖汉④、奈曼⑤等居其东；阿霸垓、阿霸哈纳尔⑥、鄂尔多斯等居其西；巴林等居其北。四十九家半界于龙堆。考"边卫志"⑦云：龙堆沙形如土龙，身高者二三丈，卑者丈余。东倚三危，北望蒲昌，为西极要路。朕时北巡，亲履其地，见所谓龙堆者，长者十数丈，短者亦三四丈，形蜿蜒如龙，非可以高卑论也。土人云，龙形皆头向东南，尾朝西北，验之信然。又，其形无定处，今日隆然而起者，明日已为平沙，而或左或右之间，又隐隐聚成龙形矣。是非仅风力所能散聚，盖其灵气凝结变化无方，真似龙耳。史志所记未能详也。

① 白龙堆：位于今新疆维吾尔自治区罗布泊以东至甘肃省玉门关之间，是我国有名的沙漠。康熙称敖汉、奈曼、巴林一带的沙漠为"白龙堆"，是指白色长条形沙漠。

② 楼兰：我国古代的国名，在今新疆巴音郭楞蒙古族自治州若羌县，古代为中西交通要冲。

③ 姑师：我国古代的国名。即车师，在今新疆阜康市一带。

④ 敖汉：在内蒙古昭乌达盟敖汉旗北一带。

⑤ 奈曼：在今内蒙古昭乌达盟奈曼旗东北一带，与敖汉旗相毗连。

⑥ 阿霸哈纳尔：在今内蒙古锡林郭勒盟阿巴哈纳尔旗及以南一带，清代分左翼和右翼两旗。

⑦ 《边卫志》：可能是泛指记载边疆地理和与防卫有关的书籍。

译文

白龙堆，古代沙漠。汉时为楼兰、姑师地方，现在蒙古部落的敖汉、奈曼等位于其东，阿霸垓、阿霸哈纳尔、鄂尔多斯等位于其西，巴林等位于其北。四十九家部落半数与白龙堆接界。据"边卫志"说：龙堆沙形状如土

白龙堆

龙，身高的有二三丈，低的有一丈多。东靠三危山，北望蒲昌县，为最西边的重要通道。我当时北巡，亲自到过那里，看到所说的龙堆，长的有十几丈，短的也有三四丈，形状蜿蜒如龙，是不可以用高低来论的。当地人说，龙头都是面向东南，龙尾向西北，经过检验确是如此。另外，其形状无固定地方，今天隆然而起的，明天已成平坦沙地，而在或左或右之间，又隐隐聚成龙形了。这不是仅由风力所能散聚，乃是其灵气凝结，变化不定，只是像龙罢了。古书上所记载的未能详尽。

楼兰遗址

龙状沙堆形成于风力

康熙帝细述了白龙沙堆的地理位置、形状和形成原因。

康熙帝所指的白龙堆是库姆塔格沙漠中的一种风力原因形成的沙漠景观。库姆塔格沙漠地形特殊，在沙漠中经常吹两股风向，即偏东风与偏东南风，两股风力相互吹动，强弱不同，形成了一个锐角。偏东风积沙成丘、不断加高沙丘、左右绕流形成沙丘弯角；偏东南风使沙丘后面偏南的部分向西北延伸，随着风力逐渐加大，于是形成了所谓东南西北的龙状沙丘。康熙帝承认了风的作用，但是归结于灵气，显然是不正确的。

水多伏流

原典

《尚书》① 疏言：济水② 三伏三见。《水经注》言：黄河三伏三见。桑乾③、黑水④ 亦伏而再见。以为水之脉远性厚者乃然。不知天下之水伏流者甚多，不足异也。朕每见口外诸小川，流而忽隐，隐而复流者，在处有之。故杜甫诗云："塞水不成河"，言其断续不成通川耳。今京师畅春园⑤ 之万泉庄平地涌泉汇于丹稜沜，循沜而西至西勾注为

注释

①《尚书》：我国现存最古的一部关于上古典章文献的汇编书籍。

②济水：在河南、河北和山东境内，古代位于黄河北部和黄河的一部分。金代以后河南部分的济水已消失。

③桑乾：河名，在河北，即永定河之上流。

④黑水：河名，古书上说法很多，不知今在何处。有人认为是古人假想

小溪，又南为陂者五六，至东雉村（东雉村，今名慈家务），水入地中伏行，至六里河，重源潜发，合圣水、龙泉东注拒马[6]，此可按地脉而求者也。世人不能随地考验，故少见多怪。明王嘉谟《海淀记》但云丹稜沜水忽显忽隐而未究其隐归何处。魏《土地记》述当时谚云：高梁[7]无上源，清泉无下尾。夫有本之水，放乎四海宁有一发即竭，有源而无委乎？是知凡渟而为渊，潴而为泽，必有经流潜通暗注，故能久而不涸也。以类推之，海西[8]所谓地中有海，亦理之所有者。

⑤ 畅春园：清代的范围，在今北京西北郊，北京大学之西。

⑥ 拒马：河名，在河北境内，分南北两支。

⑦ 高梁：河名，在北京西直门外，为玉河的上游。

⑧ 海西：大约是指红海、波斯湾以西，地中海区域的某个大国。历史记载的地域经常有变动，康熙帝在这里所说的海西也不明确。

译文

《尚书》注疏说：济水三伏三现。《水经注》说：黄河三伏三现。桑乾、黑水也是伏而又现。以为这是水的脉流长流域远和水性沉厚形成的。不知天下水伏流的人很多，完全不足为奇。我常见到口外各小河，流而忽隐，隐而又现流的，到处都有。所以杜甫诗说"塞水不成河"，是说断断续续连不成一条河流。现在京城畅春园的万泉庄平地涌出泉水汇聚于丹稜沜，沿丹稜沜向西流到西沟，积聚小溪，又向南有山坡五六处，到东雉村（东雉村今名慈家务），水进入地中伏行到六里河。从地下深处涌出，汇合圣水、龙泉向东注入拒马河。这可以根据地脉来探究。世人不能随地考察验证，所以少见多怪。明代王嘉谟《海淀记》只说丹稜沜水忽隐忽现，而没有探究其隐归到哪里。魏《土地记》记述当时谚语：高梁无上源，清泉无下尾。有源头的水能流到四海，哪里能一发就竭、有源头而无尽头的呢？由此可知，凡是水积聚不流而成渊，水伴淤泥而积为沼泽的地方，这种地方必有水在地下经流暗通，所以能长久而不干涸。以此类推，海西所谓地中有海，也是有道理的。

伏流可以补给水源

康熙帝在文中指出了济水、黄河、黑水的隐现，结合畅春园的伏流提出了河流多伏流水力才丰沛的观点，并且说地中海是伏流形成的。

伏流是指潜藏在地下的水流，即地下河流。地下河是指碳酸盐岩中发育的地下通道，由于地表河沿地下岩石裂隙渗入地下，岩石经过溶蚀、坍塌及水的搬运，在地下形成了大小不同、长短不一、错综复杂的管道系统，有自己的补给、径流和排泄系统。暗河在中国西南诸

地下河

省多处可见，规模巨大，如湖南东安县内地下水系，四川筠连小鱼洞暗河。长江之所以不断流，就在于众多暗河与地下水的补给。长年不断流的河流或者水力丰沛的河流都与伏流的注入有关。地中海，是位于大陆之间的海，又称"陆间海"，由于地理位置的特殊性，不但有许多明河流入，明河的水源大多与伏流有关，但是把地中海归结于伏流的说法有片面性。

同声相应

原典

审音之道，理极平易，而阘者不识，皆由习焉弗察耳。即以人声论之，喜怒动于中，声音达于外，当其情动声发，听者不必观气采色，可以知其情之为喜为怒也。又两人对语，其发音高者，则应之者亦高；其发音卑者，则应之者亦卑。反是则不和矣。此即同声相应[1]，自然之至理也。惟乐亦然，发于何音，止于何音，为某调为某宫为某字[2]，是犹闻人声而辨其情之何属也。取琴瑟之类，置二器均调一律，鼓此器一弦，则彼器虚弦必应。推之八音[3]之属，皆然。《庄子》所谓以

注释

① 同声相应：是声学中由于声音频率相同而产生的共振现象。并不是两人对话的声音同高同低。

② 为某调为某宫为某字：中国古代的乐律叫调，宫调是音乐曲调的总称。依十二律高下的次序定七声为宫、商、角、徵、羽、变宫和变徵，以宫声为主的调式称为宫，以其他各声为主的调式称为调。字，指某字的唱音。

③ 八音：古代用金、石、丝、竹、匏、土、革、木八种物质分别作八种乐器，钟、磬、琴瑟、箫管、笙、埙、

阳召阳，以阴召阴，鼓宫宫动，鼓角角动，音律和矣。是犹人声相感，高卑相应也。夫天地精微之理，皆在现前，而人不能格物穷理[④]。朱子所谓愚者不及，智者过之也。至若清池之方响，应蕤宾而跃[⑤]？光宅之塔铃，应姑洗而鸣[⑥]。志籍所载，或惊为怪异，或疑其虚无，此虽皆耳食者，然亦因前人之说过于高远也。朕故以人声之感应明之，亦近取诸身之一端耳。

译文

　　研究声音，道理很简单容易，可是糊涂人不了解，这都因为习惯了而不觉察。就以人说话声音而论，喜怒发生在内心，声音表达在外部。当其情绪活动时发出的声音，听者不必观察气色就可以知道其情绪是喜还是怒。又如，两个人对话，其问声高的，则回答的也高；其问声低的，则回答的也低，否则就不和谐。这便是同声相应，是自然界的根本道理。音乐也是这样，开始于什么音，结束于什么音，是什么调什么宫什么字，这就像听人声音而区别其情绪是什么一样。用琴瑟之类乐器，把两件乐器调到一个音律上，弹奏这一乐器的一根弦，则另一乐器没弹奏的那根弦必定响应，推广到八音，都是一样。《庄子》所说：以阳召阳，以阴召阴，鼓宫宫动，鼓角角动，音律和矣。这就像人声相感，高低相应一样。天地精巧微妙的道理，都在人们面前，但是人们不能"格物穷理"。这就是朱熹所说的：愚者不及，智者超过。至于说沉在清池底的乐器方响，竟响应蕤宾之律的乐音而振跃，光宅寺上的塔铃，也能响应姑洗之律的乐音而鸣响。这些古籍上记

鼓、柷相对应的音，叫作八音，也以此八字代表。

　　④ 格物穷理：研究事物，弄清道理。

　　⑤ 清池之方响，应蕤宾而跃：据唐朝段成式《酉阳杂俎》所记："蜀将军皇甫直好弹琵琶，常造一调乘凉临水弹之，本黄钟也，而声入蕤宾。试弹于他处，则黄钟也。夜复弹于池上，觉近岸波动，有物激水为鱼跃，及下弦，则没矣。直遂车水竭池，得铁一片，乃方响蕤宾铁也。"方响，中国古代的一种打击乐器，南北朝时梁始有之，通常由十六枚大小相同、厚薄不一的长方铁板组成，仿照编磬次第排列，用小铁锤击奏，发出十二律及四个半律的音，为隋唐燕乐中常用的乐器，今已失传。蕤宾，中国古乐十二律之一。

　　⑥ 光宅之塔铃，应姑洗而鸣：据唐朝南卓《羯鼓录》所记"宋沇于光宅佛寺待漏，闻塔上风铎声，倾耳听之。朝回复止寺舍。登塔历叩以辨之，曰：'此姑洗之编钟耳。'"塔铃，即"风铎"，是我国古代建筑物殿、塔四角悬挂的占风铃，遇风即响。姑洗，中国古乐十二律之一。

载的，有的人惊为怪异，有的人怀疑其根本不存在，这虽然都是传闻者所记，然而也因为前人的说法过于高深迂远了。我之所以用人声的感应来说明，也不过是就近取离人身近的一点罢了。

声音共振

康熙帝在文中用人说话、音乐、典故和自然的现象，阐释声音共振的问题。

共振是物理学中一个运用频率非常高的专业术语，共振的定义是两个振动频率相同的物体，当一个发生振动时，引起另一个物体振动的现象。在声学中也称"共鸣"，它指的是物体因共振而发声的现象，如两个频率相同的音又靠近，其中一个振动发声时，另一个也会发声。音乐的频率、节奏和有规律的声波振动，是一种物理能量，而适度的物理能量会引起人体组织细胞发生和谐共振现象，这种声波引起的共振现象，会直接影响人们的脑电波、心率、呼吸节奏等，使细胞体产生轻度共振，使人有一种舒适、安逸感。人们还发现，当人处在优美音乐共振中，内分泌系统和消化系统促使人体分泌一种有利健康的活性物质，提高大脑皮层的兴奋性，振奋人的精神，让人们的心灵得到了陶冶和升华。当然共振也有危害，如士兵踏步桥上的共振令桥坍塌，地震波的共振令房屋倒塌等。

古版《数理精蕴》

回子多元子孙

原典

西北回子种类甚多。当日元太祖[①]征服回子诸国，悉有其地，因命诸子分统之，是为部落之主。岁月既久，语言行事及服食器用遂习回子风俗，无复蒙古之旧，而其实皆元之苗裔也。

注释

① 元太祖：铁木真，即成吉思汗（1162—1227）。

译文

西北回族有很多分支。当初元太祖征服回族各部落，全部统治了那些地方，于是就让他的儿子们分别进行统治，其子就成为各部落之王。时间久了，语言、行事及服装、饮食、一些日常用具沿袭了回族的风俗习惯，不再有蒙古的旧习惯，但他们实际上都是元代的后裔。

阿霸垓盐

原典

盐之种类不一①，南方所用海盐②、井盐③，皆须煎熬烹炼；山西解州盐池④如耕者之疏为畦陇，引水⑤灌其中，俟夏秋南风一起，即结成盐印⑥。故昔人以为海盐、井盐资于人；解盐资于天也。独阿霸垓部落，及张家口外牧圉之地有盐一种，出水泽中，不待煎熬而自成，亦不待南风而后结。土人就近取之，其块大小不等，色青黑，味甚佳，不减于中土所产者。始知天生百物以备民用，随在各足。《礼记》⑦所谓天时有生，地利有宜也。

池盐场景

注释

①盐之种类不一：从来源看大体有四种盐，即海盐、井盐、池盐、岩盐（结晶于石缝）。

②海盐：使海水的水分蒸发后形成的盐结晶，出产于沿海地区。

③井盐：打井从地下提出卤水，经人工煎熬而成盐结晶，主要产于四川等地。

④解州盐池：在今山西南端运城市境内。是我国北方历史悠久的著名盐池之一。

⑤水：含盐的卤水。

⑥盐印：盐块的痕迹。

⑦《礼记》：记载先秦礼仪政治制度等内容的古籍，也是儒家经典，相传为西汉戴圣所编，原四十九篇，后订为二十卷。

译文

盐的种类不一，南方所用海盐、井盐，都必须煎熬烹炼；山西解州盐池像耕地那样要用人疏通为畦陇，引池水灌于其中，等到夏秋南风一起就结成盐印。因此古人认为海盐、井盐仰赖于人工，解盐仰赖于天气。唯独阿霸垓及张家口外牧养牲畜的地方，有一种盐从水泽中出来不等煎熬而自行形成，也不等南风吹后而凝结。当地人就近取用，其盐块大小不等，色青黑，味甚佳，不弱于内地所产的盐。这才知道，天生万物以备民用，到处能各自满足。正如《礼记》所说：天时有生，地利有宜也。

池盐

康熙帝从盐的分类，即海盐、井盐、池盐、岩盐等，叙述阿霸垓盐的不同，引发"天时有生，地利有宜也"的感叹。

盐　田

康熙帝所说的阿霸垓盐，实际上是内蒙古的一种池盐，池盐是从咸水湖采取的盐，成分和海盐相同。我国西北各地和山西省、内蒙古自治区等地出产很多。池盐颗粒大，色洁白，质地纯净，含芒硝和镁元素较多，不但可供人食用，且是化学工业、轻工业和制药工业的重要原料。用池盐腌制的酱菜，色正味美，久存不腐。历史上山西解州是第一大池盐地。

古盐井

累 黍

原典

累黍①之说，群儒辨论纷纭，而终无定准。李照②以纵黍累尺而太长；胡瑗③以横黍累尺而太短。房庶④以实千二百黍为黄钟之长；而马端临⑤讥其非通论。是皆止言黄钟为九寸，而不知此九寸为何代之尺也。朕亲累黍测验，今营造尺⑥适符纵黍一百之数，而横黍一百止当纵黍八十一，而以千二百黍实之，黄钟亦无不合。特古者二十四铢⑦为一两，今二十四铢仅半两耳。此犹古之一石乃今之五斗也。是知所谓黄钟九寸者，乃周尺之九寸。若以今尺九寸求之，则

注释

① 累黍：意为堆积黍粒，这里是专指把一定数量的黍粒排列起来作为长度标准，或装进一个特制竹管作为容积标准，轻重作为重量标准，这三者都统一于所谓黄钟，即特制的竹管。

② 李照：北宋人，参加过仁宗时乐律、度量衡的研究与讨论。

③ 胡瑗：北宋人（993—1059），参加过仁宗时乐律、度量衡的研究与讨论。与阮逸奉命合作《皇祐新乐图记》一书。

④ 房庶：北宋人，参加过仁宗时乐律、度量衡的研究与讨论。

⑤ 马端临：宋元之间的学者（1254—1323），著有《文献通考》，三百四十八卷。

⑥ 营造尺：明代工部定的一种尺度，

失矣。而后人各以时尺论之，不亦谬乎？又古者论黍，以上党羊头山⑧产者为贵，而犹疑岁有丰歉，则黍有大小，必求一秠⑨二米者，是大不然。朕今随地取黍，检择大者累尺为纵为横、为铢为两，不爽毫厘。盖得其根本，则自无差忒。因知昔人之定分寸、度空径，独有取于黍者。五谷惟黍粒均齐，余则不能无大小之故也。

长为今 0.317 公尺，清代沿用。

⑦铢：中国古代的重量单位，二十四铢为一两。铢是由黍粒的个数计算的，但说法不一，有百黍说、九十六黍说、一百四十四黍说和十黍说四种，差别甚大，前两说接近。

⑧上党羊头山：上党，古郡名、古县名，治所均在今山西长治市，羊头山在长治市西南。

⑨秠：各本"秠"均误为"桴"。

译文

累黍之说，很多学者进行辨别与讨论，众说纷纭，最终仍无定论。李照把黍粒纵向排列成尺的长度而太长；胡瑗把黍横向排列成尺的长度而太短。房庶以装进竹筒一千二百粒黍为黄钟之长；而马端临讥笑他的做法不是人人都认可的。这都是因为只知黄钟为九寸，而不知这九寸是什么时代的尺度。我亲自累黍测验，现在营造尺正好符合黍纵向排列一百粒的数，而黍横向排列一百粒仅相当于黍纵向排列八十一粒的长度。以一千二百粒黍装进黄钟，也没有不符合的，只是古代二十四铢为一两，现在二十四铢仅仅半两而已。这犹如古代的一石乃是现在的五斗。由此可知黄钟九寸，乃是周代尺的九寸，如果以现在尺的九寸来测量，就失误了。但是后人各自用当时的尺子进行论述，岂不谬误吗？还有，古代论黍，是以上党羊头山出产的为好，而且还特别认为年成有好有坏，则黍粒有大有小，必须求得一颗壳中含有两粒米的黑黍才能使用，这就大可不必了。我现在随地取黍，挑选大的，累尺为纵排、为横排，为铢为两，竟丝毫不差。这是因为抓住了它的根本，就自然不会有差误。因此知道古人的定分寸、度空径，只有用黍才行。因为，五谷中唯独黍粒均齐，其余的就有大小之差了。

康熙与累黍定尺

康熙帝在文中记述了用黍粒研究古代尺寸的做法，对当时的错误做法予以纠正。

《律吕正义》详细记载了康熙皇帝的做法及认识，黄钟律古今相同是不变的，但要考定它，则首先要确定尺度，而要确定尺度，就必须采用累黍之法。康熙皇帝用累黍之法验证的结果，纵排百黍得今尺（清营造尺）1尺，横排百黍得今尺（清营造尺）8寸1分，因此古尺1尺相当于今尺（清营造尺）8寸1分；黄钟律长古尺9寸，相当于今尺（清营造尺）7寸2分9厘。这种结果正好与《汉书·律历志》"一黍之广度之，九十分黄钟之长"的记载相符，由它得出的黄钟律是"古人造律之真度"。因此可以把横排和纵排两种累黍方式得到的尺度，分别定为古今尺度的标准。康熙皇帝用传统累黍定律的方法，很巧妙地为当时清营造尺的尺度标准找到了依据，也为整个度量衡体系的标准找到了依据，就这样考订了当时度量衡制度的准则，确定了古今尺度的比值，并以考订后清营造尺的尺寸为法定标准，用它来核定量器升斗的容积，核定衡器砝码的轻重，并在全国推行统一后的度量衡器，取得了很好的效果。

黍 粒

温 泉

原典

温泉可以疗疾蠲疴，人尽知之。而不知尤宜于年长之人。若四十以内者，初浴汤池时反觉气弱，必久而后复。盖人至四十以外，筋骨少衰，气多收敛，得温和之助，自然精[1]神怡畅。若少年血脉方刚，更以纯阳之气蒸逼之，汗液越泄，精气外散，不无少损。李时珍曰：人浴后当大虚惫。此未分老少之论也。又，浴汤池必以七日为期，汤之功力始到，再静养七日，调摄心志，导和引元，则一身之气脉充足，诸疾自愈。张说[2]《温泉箴》云："若入温泉，居食失节，动出轻躁，莫之或益，伤之者至矣。故君子慎微。"此至言也。

注释

① 精：《通学斋丛书》本"精"为"情"。

② 张说：唐代学者（667—730），与陆坚、萧嵩、张九龄、李林甫编修《唐六典》三十卷，有《张燕公集》（又称《张说之集》）三十卷。

译文

温泉可以治疗疾病，解除病痛，这些人们都知道。可是不知道尤其适合年纪大的人，如果是四十岁以内的人，开始沐浴温泉时，反而觉得气弱，必须经很久之后才能恢复。因为人到四十岁以上，筋骨有些衰弱，气多收敛，入浴得到温暖的帮助，自然精神爽快。假如是少年，血脉方刚，更以纯阳之气蒸逼，汗液多泄，精气外散，不可能没有一点损失。李时珍说：入浴后必定大大虚软疲惫。这是没有区分老少的论点。而且，沐浴温泉必须以七天为一期，温泉的功力才到达，再静养七天，调摄心神，导和引元，则一身之气脉充足，各种病症自然痊愈了。张说在《温泉箴》中说："如果入温泉沐浴，吃住不加控制，动出轻躁，得不到好处，损伤就来了，所以君子慎微。"这是至理名言。

泡温泉禁忌

康熙帝承认泡温泉的好处，但是指出了泡温泉的注意事项，对年轻人和超过 40 岁的人进行了分析，若不注意泡温泉的注意事项，非但无益反而有损。

现代人生活节奏过快，泡温泉的人越来越多。泡温泉的确可使肌肉、关节松弛，消除疲劳，可扩张血管，促进血液循环，加速新陈代谢。露天温泉的日光浴加森林浴，对骨骼疏松症患者有特别帮助，因为温泉中的钙质、适当的紫外线交互作用，对身体有益。瀑布浴可活络筋骨，减轻酸痛等症状。但是泡温泉应尽量避免与泉水成直角直接冲击，防止烫伤患部；同时应注意水温及时间，以个人舒适为宜；温泉中的化学物质有美容的效果，但过敏者需注意。

温　泉

熬 水

原典

泉水所发，其源流清远，及色味少异者，下必有金石之物，而温泉尤显而易见者也。然古人往往不能辨别，如《泉志》所载云：新安①黄山②是硃砂③泉，春时水即微红故也。或云硃砂虽红，而不热，当是雄黄④。临潼骊山⑤是礜石⑥泉，或云礜石不香，应是硃砂。《本草》云：温泉下有硫黄，气味虽恶，而可愈疾。然有一种砒石⑦者，与硫黄相似，浴之有毒，不可不慎。夫以一二有名之温汤，千百年来，尚不能确指为何泉。若遇荒山穷谷之中，又何以辨乎？是盖未得熬水征验之法也。朕每遇温泉，即以银碗盛水，隔汤用文火收炼，俟碗水干，观水脚所积，或为礜石，或为碱卤，或为硫黄等，皆判然分晓，且视所积之轻重，而水性之清浊，及浴人之损益，皆可知矣。较之昔人悬虚拟议，辨之于色香味，而究无捉摸者，不实有可据而足凭乎？

注释

① 新安：旧郡名，古代有三，这里所指是在今安徽南部歙县一带。

② 黄山：在今安徽歙县西北。

③ 硃砂：又称朱砂或丹砂，化学成分为硫化汞。色鲜红。

④ 雄黄：又称"鸡冠石"，化学成分为硫化砷，常与雌黄等共生。

⑤ 临潼骊山：临潼，县名，今陕西西安市东部。骊山，在临潼境内。

⑥ 礜石：矿物名，有毒，苍、白二色者入药。

⑦ 砒石：有剧毒。经炼制的叫砒霜，未炼的叫砒黄。

译文

泉水所发，其源流清远，色、味稍有不同的，下面一定有金石等矿物，特别是温泉尤其明显且容易发现。但是古人往往不能辨别，例如《泉志》所记载的：新安黄山是朱砂泉，因为春天时水色微红。有人说朱砂虽然红但是不热，应当是雄黄。临潼骊山是礜石泉，有人说礜石不香，应是朱砂。《本草》说，温泉下有硫黄，气味虽然不好，但是可以治病。可是有一种叫砒石的，与硫黄相似，用来沐浴有毒害，不可不小心。一两处著名的温泉，千百年来还不能明确指出是什么泉。倘若到荒山穷谷之中，又怎么能够辨别呢？这是因为没有得到熬水验证的方法。我每次遇到温泉，就用银碗盛水，用小火烧炼，等碗内水熬干，观察水脚所沉积的，或是礜石，或是碱卤，或是琉黄等，都判然分明，而且根据沉积物之轻重，还可知道水性的清浊，及对浴人的损害和好处。古人凭空发议论，凭它们的色香味来辨别，而根本无法捉摸。与此相比，熬水检验不是有真凭实据吗？

水质鉴定

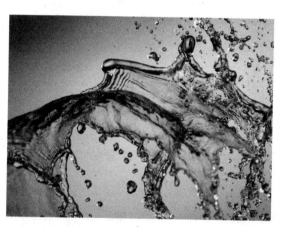

水

康熙帝对各种温泉水、饮用水提出简单实用的检验方法，通过银盆熬水蒸发，以最后沉淀的物质，确定水中杂物所属，从而界定是否可用。

康熙帝用银碗盛泉水加热沉淀一直被应用，现代也常常使用，这就是康熙帝的高明之处。不过现代科学技术的发展，可以取一定量的水送到实验室，通过各种化学仪器及各种化学试剂能很快分析出泉水的化学成分。现在检验更细致，注重了检查水的酸碱度和硬度，水中的化学成分可以根据健康饮用的标准或者洗澡时人体能够承受的标准进行合理的取舍。

朝鲜纸

原典

　　世传朝鲜国纸，为蚕茧所作，不知即楮皮也。陆玑①《诗疏》谓之楮叶，又曰江南人捣以为纸，光泽甚好。盖以其形似叶也。朕询之使臣，知彼国人取楮树去外皮之粗者，用其中白皮捣煮，造为纸，乃绵密滑腻，有似蚕茧，而世人遂误传耶。

注释

　　① 陆玑：三国时吴国学者，著《毛诗草木鸟兽虫鱼疏》两卷。

译文

　　世人所传朝鲜国的纸是蚕茧做成的，不知道那是楮树皮。陆玑《诗疏》说是楮叶，又说江南人捣了造纸，光泽很好。或许是看其形状像叶子。我询问朝鲜来的使节，知该国人取楮树去掉粗糙的外皮，用其中的白皮，捣烂、水煮，制成纸，就绵密滑腻，有些像蚕茧纸，因而世人就误传了。

古画里的造纸术

造纸工业

　　世人根据朝鲜纸的光泽度、韧性、强度等说朝鲜纸是蚕丝做的，康熙帝反驳了这种观点，并且亲自问朝鲜使者，知道了朝鲜纸质地好是因为用了楮树的白皮捣烂水煮制成。

　　造纸术是中国四大发明之一，朝鲜的造纸术是隋唐以后传过去的。早在宋代，中国人就用楮树皮造纸，用的是粗糙的外皮，不是白皮，可能是朝鲜引申发挥了楮树皮的作用，才有了超越清朝时期所造的纸。现代朝鲜的造纸业已远远落后于中国。造纸工业就是把植物纤维分离出来制成纸浆，然后经过交织成型制成纸张或纸板，已成为我国国民经济制造业之一。但是造纸行业的排污是加剧水污染的重要原因，随着环境、资源约束日益收紧，造纸行业需在实现可持续发展中寻找新的突破。

飞　狐

原典

　　飞狐[①]产于口外密树林中，形似狐，肉翅连四足及尾，能飞，但能下而不能上。《续博物志》[②]云：飞狐亦名飞生。今山、陕有飞狐岭、飞狐口[③]，当时必以物产得名。而《名胜志》[④]曰：有狐食五粒松子，遂成飞仙，其说荒诞。皆因未知天下有所谓飞狐也。口外又有飞鼠[⑤]，与飞狐相类，特头尾似鼠，形体小于狐。《荀子》所谓鼫鼠五技而穷也。此种荆楚间亦多有之，惟飞狐独西北乃有耳。

注释

①飞狐：古时曾产于东北、西北的动物，可能已绝种。

②《续博物志》：南宋李石所作，十卷。

③飞狐岭、飞狐口：要隘名，飞狐口在今河北省西部靠近山西的涞源县与蔚县之间。

④《名胜志》：此书可能已散失。

⑤飞鼠：可在密林中滑翔，本书中所说的飞鼠可能是产于甘肃等地的橙足鼯鼠。

飞蝙蝠

译文

飞狐产于口外密树林中，形态像狐狸，肉翅连接四足及尾部，能飞，但只能飞下而不能飞上。《续博物志》说：飞狐又叫飞生。今山、陕有飞狐岭、飞狐口，当时一定是因为出产飞狐而得名的。而《名胜志》说：有狐吃五粒松子，于是成了飞仙，这种说法很荒诞，都是因为不知道天下有叫飞狐的动物。口外还有飞鼠，与飞狐相类似，但头尾像鼠而形体小于狐。《荀子》所说的鼯鼠虽有五种技巧，却什么也不精通。这种东西荆楚等地也多有，唯独飞狐仅西北才有。

最大的蝙蝠

康熙帝在文中介绍了飞狐的飞行特点，因飞狐而得名的地方，并把飞狐与飞鼠相提并论，提出不仅西北才有的观点。

康熙帝所指的飞狐其实就是蝙蝠，这是一种最大的蝙蝠，为脊椎动物，哺乳纲，尖形头，口唇如兔，翼有缺口，尾巴长。主要栖息于原始森林里，高度依赖森林中的植物资源为食物来源和栖息场所。主要分布在非洲、南亚和澳洲。根据史料记载，在我国的西北等地确实存在过这种动物，现在已经没有了。

马口柴

原典

明时宫中用马口柴，俱取给于山西蔚州^①、广昌^②、直隶昌平^③诸州县。其柴长四尺许，整齐白净，两端刻两口，以绳缚之，故谓之马口柴。康熙初年，炊爨还用此。今惟天坛焚燎^④用之。故近世人见之者甚少，且有不知其名者。

译文

明代皇宫中所用的马口柴，都取自于山西蔚州、广昌和直隶昌平等州县。那种柴长四尺多，整齐白净，两端刻两口，用绳捆扎，所以叫马口柴。康熙初年烧火做饭还是用这种柴。现在只是在天坛焚燎时才用。因此近代人见到的很少，而且有的人连名称都不知道。

注释

①蔚州：即今河北省蔚县，清时不属山西，而属河北。

②广昌：今河北省涞源县。清时不属山西，而属河北。

③昌平：即今北京市昌平区。

④天坛焚燎：天坛，明清两代帝王用以祭天和祈祷丰年的建筑。在今北京市天坛公园内。焚燎，古代祭天时的一种仪式，即在祭坛上堆柴焚烧。

康熙狩猎图

马口柴的历史

康熙帝介绍的是御膳房用的一种燃料木柴，这种木柴在祭天时也常用，主要出产在蔚县、昌平等地。其他地方不用，后宫用片柴。

康熙帝说的马口柴，长约三四尺，纯白无黑点，两端刻两口。早在明代宫廷就开始使用，明朝宫中用马口柴。红螺炭，每天几千几万斤，都是从昌平等州县来的。另一说法是明宫御膳房所用的"马口柴"，主要产自永定河上游支流流域。位于永定河东岸的养马场，从来没有养过马，而是存放木柴的地方，木柴砍伐后置于河中顺流而下，漂流至今天的石景山河段的渡口，捞上岸晒干再运往京城皇宫，逐渐形成名为"杨木场"的村庄，后地名被谐音称为"养马场"。

康熙习西学

　　明末清初，欧洲来华的耶稣会会士为了传教，选择了向中国最高统治者介绍西方科学技术的方式来提高自己的影响力并希望获得在行动上的便利。这种策略为他们多争取了多少信徒很难说，但却确实培养了几个非常热衷于西学的皇帝。对中国历史稍有了解的读者都会知道康熙对西学的强烈兴趣，因此他奉汤若望、南怀仁、白晋等耶稣会会士为座上宾，时时请益。白晋在《中国现任皇帝传》里说，康熙从十六七岁开始，用两年的时间向南怀仁学习了"主要数学仪器的用法和几何学、静力学、天文学中最新奇最简要的内容"，"大炮发射的道理"也是课程之一。白晋还说，平定三藩叛乱与签订《中俄尼布楚条约》之后，康熙"比以前更加热心地努力钻研欧洲科学"，比如说下旨让白晋用满语给他讲《欧几里得原理》。

　　客观地说，康熙是个好学生。白晋说，康熙在学习过程中"表现出令人难以置信的专注和细心""从不感到厌烦"，如果一时没弄明白，"总是不辞辛苦地时而向这个传教士，时而向那个传教士一而再再而三地垂问解法"。《康熙几暇格物编》就是他交出的一份"学业报告"了。

康熙便服写字像

105

下之上

下之上卷研究黄河九曲的壮美、老人星的传说、赵孟頫名字的由来、九河故道的迁徙、杨柳与凤随地殊。尽管凤无正向，水底生凤不可信，人依土生似怪诞，然定南针永远指南，两尺脉属肾不可怀疑。

指南针

黄河

黄河九曲

原典

《始阋图》^①曰：黄河自昆仑^②来，凡九曲，入于渤海，每曲千里。《河图》^③以黄河九曲，配上天权、势、距楼等九星^④，谓二曲荒外^⑤，七曲在中国^⑥。又自积石^⑦以下，分为四大折。此特举其大者言之耳。朕自宁夏横城登小舟，顺流而下，至湖滩河所二十一日，其险不可胜言，河势之汹涌，与内地相同。其性迁徙无定，摄东则西岸涨，摄西则东岸涨，沙滩洲渚随水变更，互出错列。又两崖或有高山大谷，纡余盘折，以挟束之。河岂能直行千里乎？如山西之蒲坂，古谓之河曲，春秋秦人、晋人战于河曲是也。而太原府又有河曲县。《舆地志》云：以河曲得名。即潼关之河，亦正当其曲处。唐人张祐《潼关诗》云："地势遥尊岳，河流侧让关。"可证也。而皆非千里一曲之处，是知河之曲处多矣。《水经注》曰：黄河千里一大曲，百里一小曲。庶几近之。《史记》曰：黄河如带。则当日河形正自折旋环抱也。况自南徙以后，自孟津而下，久已非九曲之旧矣。其随地回屈又何可胜数哉？

注释

① 《始阋图》：作者、内容均不详。

② 昆仑：山名，位于新疆西藏之间。《始阋图》所说的"黄河自昆仑来"，不符合实际。

③ 《河图》：西汉讲谶纬的书，已佚。

④ 天权、势、距楼等九星：天权，北斗的第四星；势，小狮座的一部分，共有四颗星；距楼，在中国星表上没有距楼星，有库楼和市楼两个星座。很可能是市楼，一般认为由六颗星组成，也有说是三颗的，与天权、势加在一起，差不多有九颗星左右，而且这三组星弯曲的排在一条线上。

⑤ 荒外：指中国的边远地区。

⑥ 中国：指中国的中原地区。

⑦ 积石：山名，在今甘肃临夏西北。

译文

《始阋图》说：黄河从昆仑来，共九次曲折，进入渤海，每曲一千里。《河图》以黄河九曲，配上天权、势、距楼等九星，认为二曲在荒外，七曲在中国。又，自积石以下分为四大曲折。这只是举其大者说的。我从宁夏横城乘小船，顺流而下到湖滩河所，经历二十一日，所遇危险不可胜言。黄河水势的汹涌与内地相同，其性迁徙不定，东岸稳定了则西岸淤沙积成陆地，西岸稳定了则东岸淤沙积成陆地。沙滩小洲随水变更，互相交错罗列。还有，两岸或者有高山大谷，迂回盘折，以挟持束缚水流。黄河水怎能直流千里呢？如山西之蒲坂，古代叫作河曲，春秋时期秦国人与晋国人作战于河曲，就是这个地方。而太原府又有河曲县，《舆地志》说：以河曲得名。就是在潼关的河段，也正好是弯曲处，唐代人张祜《潼关诗》云："地势遥尊岳，河流侧让关。"可以作为证明。但都不是千里一曲之处。由此可见黄河的弯曲处很多。《水经注》说：黄河千里一大曲，百里一小曲。这种说法，大概较妥。《史记》说："黄河如带"。说明当时黄河的形状正是自然折旋环抱的。况且，自河道南迁以后，自孟津以下早就不是九曲的原处了。黄河随地形而回旋曲折，又怎么能数得清呢？

黄河有多少弯

康熙帝在黄河九曲中就千里一大曲折观点进行了纠正，基本同意郦道元所说的百里一小折的说法，并且亲自驾船印证。

黄河从青藏高原的巴颜卡拉山发源，一路向东，流经青海、四川、甘肃、宁夏、内蒙古、山西、陕西、河南、山东，最后注入渤海。人们常说黄河九曲十八弯，但还有一首歌里说：我晓得天下黄河九十九道弯哎，九十九道弯上，九十九只船哎，九十九只船上，九十九根竿哎，九十九个那艄公嗬呦来把船搬。黄河究竟经过了多少的曲折，有多少道弯呢？没有人清楚。但是，有一个事实是清楚的，从地质构造和水动力两种成因，科考报告确认：黄河

九曲黄河

河道有六大一级转折，分别是玛曲、龙羊峡、兰州、三盛公、托克托和潼关。

老人星

原典

偶阅《辽史·穆宗纪》①，应历十二年春二月②萧思温③奏：老人星④见，乞行赦宥。夫星辰虽随天运行⑤，而其隐见，却有方隅。老人星在今扬州

地方，于二三月时每每见之，若北方则不能见。惟于天球上可指而知耳。故名南极老人，言是星之属乎南也。《史记·天官书》张守节⑥注云，老人一星在弧⑦南，常以秋分之曙见于丙，春分之夕见于丁。丙、丁皆南方，此明证也。辽都临潢府，地处最东北，安有老人星见之理乎？

译文

偶然阅读《辽史·穆宗纪》，应历十二年春二月，萧思温奏：看到了老人星，请求实行大赦。星辰虽然是随天运行，而隐现却有方位。老人星在现在扬州地方，在二、三月时经常见到。如果是在北方就看不到，只能在天球仪上可以指出其位置。此星称为"南极老人"，说的是它属于南方。《史记·天官书》张守节注释说：老人一星在弧南，常在秋分日出时现于丙位，春分日入时现于丁位。丙、丁位都在南方，这就是明证。辽代的首都在临潢府，地处最东北，怎么能有老人星被看见的道理呢？

注释

①《辽史·穆宗纪》：见《辽史》第六卷。

② 应历十二年春二月：应历是辽穆宗年号，应历十二年二月是应历十一年二月之误，相当于公元961年3月中下旬到四月上旬。

③ 萧思温：辽穆宗时官员。

④ 老人星：恒星名称，位于南天半球，是南天最大亮星。

⑤ 星辰虽随天运行：这是一种直观现象，是指恒星在直观上随着天而运行，实际上并不是天在运行，而是地球公转的反映。

⑥ 张守节：唐代史学家。对《史记》所作"正义"著称于世。

⑦ 弧：中国星座名，又称弧矢，由九颗星组成，位于南天半球，老人星在其南。

北方看不到老人星

康熙帝在看文章时发现了北方看见老人星的说法，于是结合古书和实际验证这种说法的错误。

现在知道老人星即寿星，在民间他的形象都是肉头高脑门，拄着弯头长拐杖，手中捧着一个大寿桃。《西游记》中的寿星，就被猪八戒形象地呼作"肉头老儿"。老人星是全天第二亮星，现代名为船底座 α 星。它的位置太偏南，在我国北部看不到，只有长江流域及以南的地方，才能在短暂的时段里在低低的南天看到它。正因为这样，人们也叫它"南极老人星""南极仙翁"。南方的朋友可以每年在农历二月的晚上，找到位于正南方的天狼星之后，再向下找，在地平线上方就可以找到它。

赵孟頫命名

原典

赵孟頫①，取名孟頫之义，考之诸书皆无据证。按《说文长笺》②云：从兆从页。邵氏③言：得兆必敬，頫低头听也，有敬意。又按《宋史·宗室世系表》，凡太祖④十一世孙皆名孟某，是孟字乃其世系排次，而孟頫同产十人，其名上字从孟、下字皆从页旁，如孟頫、孟籲⑤其著者也。或取頫字之义，或取敬字之义耳。又孟頫一辈皆字子某，如孟頫字子昂，孟籲字子俊，孟坚⑥字子固，似上一字取"孟子"二字相连，下一字取頫昂、籲俊、坚固，二字相连之义，亦未可知。

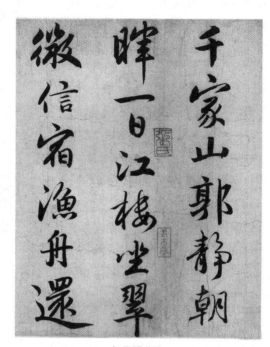

赵孟頫书法

注释

①赵孟頫：字子昂（1254—1322），别号松雪道人，宋太祖十一世孙，元代著名画家。

②《说文长笺》：明赵宦光撰，一百零四卷。

③邵氏：可能是邵雍（1011—1077）。

④太祖：指宋代开国皇帝赵匡胤（927—976）。

⑤孟籲：即赵孟籲，宋太祖十一世孙。

⑥孟坚：即赵孟坚（1199—1295），宋太祖十一世孙。

译文

赵孟頫，取名孟頫的意义，考查各种书籍都未找到证据。按《说文长笺》云：从兆从页。邵氏说：得兆必敬，頫意是低头听，有敬义。又按《宋史·宗室世系表》，凡是太祖十一世孙都叫"赵孟某"，因而"孟"字是赵家的世系排次。而孟頫兄弟十人，他们的名字上一字从"孟"，下一字都从"页"偏旁，如孟頫、孟籲就是其中著名的人物。或是取頫字之义，或取敬字之义。又，孟頫一辈人的字都是"子某"，如孟頫的字为"子昂"，孟籲的字为"子俊"，孟坚的字为"子固"。似乎是上一字取"孟子"二字相连，下一字分别取頫昂、籲俊、坚固二字相连之义，也未可知。

康熙书法

赵孟頫简介

康熙帝从頫的字意和赵氏族谱进行分析起名赵孟頫的原因，也是一种猜测。

关于赵孟頫现在很少人关注他的名字的研究，过多关注的是他的书法与绘画。赵孟頫（1254—1322），字子昂，号松雪，松雪道人，又号水精宫道人，汉族，吴兴（今浙江湖州）人，宋太祖赵匡胤十一世孙，秦王赵德芳之后。赵孟頫博学多才，能诗善文，懂经济，工书法，精绘艺，擅金石，通律吕，解鉴赏。特别是书法和绘画成就最高，其楷书与欧阳询、颜真卿、柳公权齐名，绘画开创元代新画风，被称为"元人冠冕"。

赵孟頫的画

九河故道

原典

九河故道[1]，汉、唐、宋诸家之说不一，或谓在济南[2]境内，或谓远界永平[3]，而郦道元谓："九河苞沦于海[4]。"以朕揆之，其九河入海之处，在今天津之直沽[5]，而九河故道不出沧[6]、景[7]二三百里间也。盖水性就下，今南北之水，以天津为尾闾，地最洼下。虽数千百年中，或陵谷变迁，而高卑大势，南北定位，有必不可易者。即以《禹贡》之文考之，可以断矣。《禹贡》曰："至于大伾[8]，北过洚水[9]，至于大陆，又北播为九河。"疏云：大伾属魏郡黎阳，洚水在信都，大陆，泽名。夫黎阳今之濬县，信都今之深州，大陆泽在今之束鹿界，而河间在濬县、深州、束鹿之北，故曰又北也。又"九河既道"，疏云："平原以北"，平原今德州境，言德州以上也。《汉书·沟洫志》许商云："九河之名，有徒骇、胡苏、鬲津，在成平、东光、鬲界中。"此三地今皆属河间。杜氏《通典》云："钩盘在景，马颊、覆釜在赵郡。"景即景州，赵郡今涿、易南，古所谓燕南赵北也。《舆地记》云："简河在临津"。《金史·地理志》云："南皮县有洁河、太史河。"传志所载九河故道之在河间境也。又岂不彰明备著乎？则天津为同为逆河入海之道无疑矣。河至周定王时，已南徙。九河故迹亦渐湮废，后人不能深究地势，多穿凿傅会，其指在济南者，既失之过南；其指在永平者，又失之过北。而郑康成据纬书[10]谓齐桓公填塞八河，以拓疆界，其说益滋伪谬耳。凡人读书能正据经文，考以古今形势，则诸家之说，自有折衷。夫河间古郡，称名已久，其所以谓之河间者，以其在九河之间也。顾名思义又可知矣。

注释

①九河故道：黄河在古代从今河南往东北分为九股河道，大体在今天津以南，山东德州以北一带地方，已不能详知。《禹贡》在"九河既道"下注引《尔雅》关于九河的名称。

②济南：古府名，辖境相当于今山东北部的历城、章丘、邹平、淄博、济阳、临邑、长靖、陵县、德州等县市。

③永平：古府名，辖境相当于今河北乐亭、昌黎、滦县、迁安、秦皇岛和辽宁的青龙等县市。

④九河苞沦于海：苞是丛生之意，沦是陷入之意。全句是说九河都流入大海。

⑤直沽：古塞名，即天津市之前身。

⑥沧：旧州名，在今河北东南部。现为沧州市。

⑦景：旧州名，在

今河北东南部，现为景县。

⑧ 大伾：山岭重叠之意。

⑨ 浲水：即洪水。

⑩ 纬书：中国古书的一类，是对经书而言的。

译文

　　九河的故道，汉、唐、宋各家的说法不一样，有的说在济南境内，有的说远到永平，而郦道元则说："九河苞沦于海。"以我的估计，那九河入海之处，在今天津的直沽，而九河的故道不出沧、景两州二三百里的范围之内。由于水性向下，现在南北之水以天津为尾部，地最低洼。虽然在数千百年中，可能有丘陵低谷的变迁，但是其高低的大趋势，南北的定位是不可改变的。就以《禹贡》的记载进行考察，便可以断定了。《禹贡》说："至于大伾，北过浲水，至于大陆，又北播为九河。"疏说：大伾属于魏郡之黎阳，浲水在信都。大陆是泽名。黎阳为现在的濬县，信都为现在的深州，大陆泽在现在的束鹿界内，而河间在濬县、滦州、束鹿之北，所以说"又北"。又"九河既道"，疏说："平原以北"，平原在今德州境内，说的是德州以上的地区。《汉书·沟洫志》许商说："九河之名，有徒骇、胡苏、鬲津，在成平、东光、鬲界中。"这三个地方现在都属于河间。杜氏《通典》记载说："钩盘在景，马颊、覆釜在赵郡。"景就是景州，赵郡在现在的涿州、易州之南，即古代所谓的"燕南赵北"。《舆地记》说："简河在临津"。《金史·地理志》说："南皮县有洁河、太史河。"传志所载的九河故道是在河间境内，这岂不是昭著明白的吗？那么天津是同为迎河入海之道，也就没有疑问了。黄河自周定王时已经向南迁移。九河故迹也逐渐湮废，后人不能深入研究地势，多穿凿附会。他们所指在济南的，已失之太南；所指在永平的，又失之太北。而郑康成根据纬书认为齐桓公填塞了八河以开拓疆界，这种说法就更加荒谬了。凡是人们读书，若能够正确根据古书上的文字，考察古今形势，那么对各家的说法自然就会得出不偏不倚的结论。河间为古郡之名称已经很久，它之所以叫作河间，就是由于它在九河之间，顾名思义就可知道了。

黄河故道

　　康熙帝所说的九河故道就是黄河改道后九股支流，他从历代地理书籍和与之有关的地理名词进行考证，并且批驳了一些错误观点，提出了结合古籍及考察地形可以不出现谬论的科学做法。

　　据地理学家考证，黄河有二十六次较大改道。黄河故道基本有三种，一种是荒芜的盐碱地，一种是水草丰美的湿地，还有一种是尚存的河道。宁远、商丘一部分的黄河故道就属前一类，不过这些故道大多年代久远，以至于许多当地人都不知道在这样的河床上曾经流淌过一条叫作黄河的河流。而大多数黄河故道都属后两者，比如盛产梨子的砀山、山东单县、豫北的湿地、江苏宿迁、黄河夺淮入海后的徐州、黄河入海口的东营等。如今江苏、河南境内的故道，湖面碧水荡漾，湖水清澈见底，湖内鱼翔浅底，湖边芦苇茂盛，成为独特的"北国水乡"。

黄河故道

杨　柳

原典

　　《古今物疏》于草木之名，皆不能区别，如杨柳本二木。二木之内，柳又有十种余，杨亦有数种。注释家往往合称之，即有分之者，于杨则曰似柳，于柳则曰似杨，不知二木迥然不相似也。杨之叶，厚而阔，色深而光，其枝粗硬而白，枝头结蕊，累累如悬铃，春尽时，则四拆中落，白花如毡。柳之叶，狭而长，色浅而暗，

译文

　　《古今物疏》对于草木的名称，都不能区分，如杨柳本来是两种树木。两种树木内的柳树又有十多种，杨树也有好几种。注释家往往合称杨柳，即使有区分的，对于杨树则说似柳，对柳树又说似杨，不知道这两种树木是迥然不同的。杨树的叶子厚而阔，色深而有光泽，其枝干粗硬而发白，枝头结花蕊，累累像悬吊的铃，到春末则四面裂开脱落，白花如毡。柳树的叶子窄而长，色浅而暗淡，其枝条柔细而发绿，叶子之间结花，像葚花，花开以后就成絮而飞。两种树木的不同就是这样。《易经》说枯老的杨树出嫩芽，《诗

其枝柔细而绿，叶间著花如葚①，花后则成絮而飞。二木之不同如此。《易》曰："枯杨生稊。"《诗》曰："东门之杨。"又曰："折柳樊②圃。"经传所载原未尝合一也。即《小雅》③所谓"杨柳依依"，是言春时杨与柳俱依依然也。《周礼·膏物》注曰："谓杨柳之属。""之属"云者，尤言某某类耳。自《毛传》④注：杨柳为蒲柳⑤，而后人遂合为一。不知蒲柳生水泽中，可为箭笴，别是一种。诗人骚客承袭词章，不能精求物类，然其于杨花则只曰花，于柳花则绵曰絮，是亦不能掩其异矣。至李时珍注《本草》谓："杨枝硬而扬起，故曰杨，柳枝弱而垂流，故曰柳。"是又以直柳垂柳，指为杨与柳之分，其谬益甚。多识之学不亦难乎？

注释

① 葚：葚亦作椹，桑树的果实，葚花即桑花。

② 樊：篱笆。

③ 《小雅》：《诗经》组成部分之一，共七十四篇。

④ 《毛传》：汉代毛亨、毛苌所作《诗故训传》的简称。

⑤ 蒲柳：又称水杨，生长于水边。

经》说"东门之杨"，又说"折柳樊圃"。经传上所记载的本来就未把杨柳合在一起。就是《小雅》所说的"杨柳依依"也是说春季杨树和柳树都很茂盛的样子。《周礼·膏物》注说"谓杨柳之属"，所谓"之属"，就好像说"某某类"那样。自从《毛传》注"杨柳为蒲柳"，而后人遂合二为一。不知道蒲柳生长在水泽之中，可做箭杆，是另外一种。诗人骚客沿袭辞章中的说法，不能仔细探求事物的种类，然而他们对于杨树的花只叫花，对于柳树的花则叫绵或絮，从这一点上看他们也还是不能掩盖它们的差别的。到李时珍注《本草》说："杨树枝硬而扬起，所以叫作杨，柳树枝弱而垂流，所以叫作柳。"这又是把直柳、垂柳当作杨树与柳树的区别，那就更加错误了。可见博学多识也是很不容易的。

诗词中的杨柳

康熙帝在文中从树叶、树枝、树花等方面对杨树和柳树进行了区分，并且对本草中关于杨树与柳树的论述进行了纠正。提出了一种做学问需要务实的观点。

康熙帝的观点站在生物学的角度也许是正确的，但是从历代文学中寻觅杨柳的解说，意思就不是指杨树与柳树了。《说文解字》称："杨，蒲柳也。"可见古人的杨就是柳，诗经就有"杨柳依依"的说法。早在隋炀帝时期，为了加固运河堤防、美化运河环境，隋炀帝亲植柳树，并且赐姓杨，于是柳树又叫杨柳。诗句"杨柳青青着地重，杨花漫漫搅天飞，柳条折尽花飞尽，借问行人归不归""羌笛何须怨杨柳，春风不度玉门关""杨柳青青江水平，闻郎江上踏歌声""不见江头三四日，桥边杨柳老金丝""今宵酒醒何处。杨柳岸晓风残月"等诗句的杨柳就是指柳树，只有杨柳才有

柳 树

千种风姿、万种风情，只有柳树才称金柳色，只有柳树才能符合古人折柳相送的缠绵离别意境。

风随地殊

原典

谭云："千里不同风，百里不同雨。"昔人谓：雨有咫尺之殊，何必百里？不知风亦不可以"千里"论也。尝记验风候[1]，如畿内[2]是日为西北风，山东去京为近，而其日风乃东南。盖风随地起，随地而殊。《抱朴子》[3]谓："鸣条之风百里，折枝之风五百里。"[4]是言风之有无，初不论方向也。朱子曰：风与天相似，旋转未尝息。此处无风，或旋在他处，或旋在上面，都未可知。兹论最善。又上下之间亦有不同，如起火[5]初迸裂时，其烟南向，及升云际，烟又北向，此其验也。

注释

① 风候：风随时变化的情况。

② 畿内：北京地区。

③ 《抱朴子》：东晋医学家葛洪所撰，书分内篇和外篇。抱朴子，是葛洪的字，以字定的书名。

④ 鸣条之风百里，折枝之风五百里：说的是风的有无和大小，"鸣条"是指风吹树枝作响，"折枝"是指风把树枝吹断。

⑤ 起火：烟火的一种，是一纸筒在一端的筒壁上安装一个较长又很轻的尾巴，筒内装火药，点燃之后升空，烟火也达到空中，直至火药燃完而落下。这里利用的是喷气推进原理。

译文

谭语说："千里不同风，百里不同雨。"古人说：雨有咫尺的区别，何

必百里？不知道风也是不可用"千里"来说的。我曾经测验过风候，如北京地区，这天为西北风，山东距京师不远，而那天的风却是东南风。因为风是随地而起，也随地而不同。《抱朴子》说："鸣条之风百里，折枝之风五百里。"是说风的有无，本来不是讨论方向的。朱熹说：风与天相似，旋转没停止过。这里无风或旋转去别处，或旋在空中，都未可知。这种说法最好。至于天上和地下的风也有不同，如起火开始迸裂时，其烟向南，等升高到云际，烟又向北，这就是验证。

龙卷风

地理位置不同导致风向不同

康熙帝在文中指出某日北京吹西北风，同日山东却吹东南风，从北京到山东，不过千里，风向却偏移了180度。用朱子的理论进行论证，同时用在北京放冲天炮，起火时烟向南，熄火时烟向北来验证风向的不同。

康熙帝的风向论述实则描述大气运动的三维尺度问题。现代科学技术的飞速发展，在遥感卫星的探测下发现风是大气运动的结果，大气不但在东南西北地旋转，而且从地面到高空，也在旋转，风是气旋与反气旋运动的外在形式，有热力形成原因，有的是动力形成原因，还有与地势高低有关的因素。风向因地理位置不同而不同是科学的。

风无正方

原典

《吕氏春秋》[①]以八风[②]配方隅，而系以四时。《春秋运斗枢》以四方配四时，而分主客，其说亦有未尽然者。朕留心观察，凡风自西南起者，为主风，余俱属客风。《易》之先天巽卦[③]在西南，可见圣人取义之精，为万古不可易也。又《淮南子》[④]云："风者，天之偏气，""偏"字义旨微妙。盖风之所起不自东西南北正向，皆从四隅而发，及其旋转，则有时而偶值正方。曾以此谕海西人[⑤]，彼初未深信，令至观星台[⑥]验相风乌[⑦]，乃叹服焉。此皆切近之事，却未有人道出。

注释

①《吕氏春秋》：战国末期秦国吕不韦令其门客编写而成的，共二十六卷。

②八风：八方之风，古代许多书上都记有八风之名称，但多不相同，《吕氏春秋》卷十三"有始览第一"为："东北曰炎风，东方曰滔风，东南曰熏风，南方曰巨风，西南曰凄风，西方曰飔风，西北曰厉风，北方曰寒风"。

③先天巽卦："先天"是先于天时而行事的意思，"巽卦"是卦名，《易经》把巽卦排在西南方。"先天巽卦"是说这种卦是自然的排列，而非人为的安排，与后天相对。后天巽卦在东南。

④《淮南子》：西汉时淮南王刘安（前179–前122）召集门客集体写成的，全书共二十一卷，又称《淮南鸿烈》。

⑤海西人：西洋人。

⑥观星台：中国古代的天文台兼气象台，这里指的是清代北京观象台（在今北京建国门路南）。

⑦相风乌：中国古代长期使用的风向计，历代观象台上差不多都有这种装置。清康熙十二年（1673）北京观象台上安装的是西方式的风向计而不是相风乌。

译文

《吕氏春秋》把八风配上八个方位，并且和春、夏、秋、冬四季联系起来。《春秋运斗枢》则把四方配四时，而且分为主、客，这种说法也不完全合适。我曾留心观察，凡是风从西南方起的为主风，其余的都是客风。《易经》上先天巽卦在西南。可见圣人取义的精深，这是万古不可改变的。又《淮南子》说："风者，天之偏气"，"偏"字的意义微妙。因为风之所起，不是从东南西北正方向，都是从四角发生，等到旋转的时候，有时偶然正好处在正方向。我曾把这现象告诉海西人，他们开始并未深信，叫他们到观星台验看相风乌后才叹服，这都是切身体验的事，却没有人说出来。

《清明上河图》中的测风仪

风向学说

康熙帝对风向的记述，指出没有正风以及我国多东南风与西北风，这样的说法实则不妥。

康熙帝虽指出了我国的气候特征和有关风向的问题，但是对风向的表现形式的原因没有深入的说明。气象上把风吹来的方向确定为风的方向。因此，风来自北方叫作北风，风来自南方叫作南风。气象台站预报风向时，当风向在某个方位左右摆动不能肯定时，则加以"偏"字，如偏北风。当风力很小时，则采用"风向不定"来说明。由于我国的地理位置多处于温带和亚热带地区，还有因四季的变化，陆地与海洋的气压差异等原因，使得我国华北、长江流域、华南及沿海地区的冬季多刮偏北风（北风、东北风、西北风），夏季多刮偏南风（南风、东南风、西南风），这个现象是规律性的，不以人的意志为转移。现代多根据等压线图、气旋与反气旋、洋流等地理现象来判断风向。

水底有风

原典

风者，气也。气无处不流，风亦无处不到。故水上行风，水下亦行风。东风解冻先从下坼，知水底风力更猛迅也。元人《杂说》载有人浴于河者，卒中寒风拘挛①，谓风来水底，其利如箭，理实有之。

注释

① 拘挛：指筋骨拘急挛缩，肢节屈伸不利。

译文

风就是气，气无处不流，风也无处不到。所以水上行风，水下也行风。东风解冻，先从下面开裂，因知水底的风力更加迅猛。元人《杂说》记载有人在河里洗澡，结果中寒风而痉挛。说风来自水底，锋利如箭，理由就在这里。

水底无风

康熙帝论述水底下暗涌相当的有力量，在河里洗澡时可以致人痉挛。但是把它理解成风，实则是错误的。现在研究知道看似风平浪静的水底，实则潜藏着无限的风险。海底有洋流，洋流又称海流，海洋中除了由引潮力引起的潮汐运动外，海水沿一定的途径大规模流动。引起海流运动的因素可以是风，也可以是热盐效应造成的海水密度分布的不均匀性。前者表现为作用于海面的风应力，后者表现为海水中的水平压强梯度力。加上地转偏向力的作用，便造成海水既有水平流动，又有垂直流动。海水在近岸处积聚和流失而造成海面倾斜，发生水平压强梯度力而产生沿岸流，就形成沿岸的升降流。同理，大面积的湖底、深水地也是由于地球自转或者水平压强的差异而产生的。

人依土生

原典

五行①皆为民用，而土为之主。人之始终，皆依于土，不可须臾离也。五谷果蓏②之属，飞走潜动之类，总为土产。故《书》③大义云，土者万物之所资生，是为人用。《礼外传注》④云，人皆食土之物，养成形体。尝闻泛洋之人，水居日久，一至陆地觉土香异常，至欲俯首就而食之。是可见人之不能离土矣。《庄子》⑤曰"百昌生于土而反于土"，信然。

注释

① 五行：指金、木、水、火、土五种物质。

② 果蓏：泛指瓜果。

③《书》：即《尚书》。

④《礼外传注》：《宋史》卷二零二有"成伯璵《礼记外传》十卷，张幼伦注"，已失传。

⑤《庄子》：又称《南华真经》或《南华经》，战国时庄周（约前369—前286）所作，今存三十三篇。

《耕织图·耕》

译文

五行都是为人所用的，而土为其中最主要的。人的一生都依赖于土，不可一刻离开。五谷瓜果之类的植物，飞走潜动之类的动物，都是从土中产生的。所以《尚书》大义说，万物是依赖土地才生长的，是为人所用的。《礼外传注》说，人都是吃食土里生出的东西养育成形体的。曾经听说，航海的人，在水上居住时间长了，一回到陆地上就觉得土的香味特别大，甚至于想低头吃土。这就可见人是不能离开土的。《庄子》说"百昌生于土而反于土"，确实是这样。

土为万物之母

康熙帝从中国传统的五行说论述土地是人、物的生存及生长的主宰，并引用了庄子的名言，提出了一种伟大的哲学思想。

土是一个象形字，其字形为地面上有一个土堆。土的本义为泥土、土壤。土为"五行"之一，用以表示受纳、承载、生化特性之意。土主信：土曰"稼穑"，播种为稼，收获为穑，土具有载物、生化、藏纳之能，故土载四方，为万物之母，具贡献厚重之性。人为万物之精灵，既然土生万物，人当然要依赖土地来繁衍生息。人死后都得回归自然，都得化作一抔土，从自然来，最后回归自然，这是人生轮回的哲学思考。研究历史知道，历朝历代都把土地的重要性放在首位，今天环境污染所造成的土地恶化已成为各国发展中不可回避的问题，从中更能感受到土地的重要性。

定南针

原典

定南针①所指，必微有偏向，不能确指正南。且其偏向，各处不同，而其偏之多少，亦不一定。如京师二十年前测得偏三度，至今偏二度半。各省或偏西，或偏东，皆不一。惟盛京②地方得正南，今不知改易否也。宋沈括《梦溪笔谈》谓：磁石磨针，必微偏东向。而元周达观《真腊风土记》谓：定南多丁未针③。《大观本草注》④谓：丙丁皆火位，庚辛受其制，物理相感耳。而推求真南之道，昔人未尝言之。朕曾测量日影，见日至

注释

① 定南针：指南针。

② 盛京：清代留都，即今沈阳市。

③ 丁未针：指南针指向丁、未两个方位之间。

④ 《大观本草注》：最初由唐慎微于宋元丰五年至六年（1082—1083）撰成。

⑤ 影必下垂：指太阳光线，在一天时间的正午时，与地面所

正南，影必下垂⑤。以此定是正南真向也。今人营造居室，如因地势曲折者，面向所不必言；若适有平正之地，其所卜建屋基向东南者，针亦东南；向西南者，针亦西南⑥。初非有意为之，乃自然而然，无所容其智巧者也。又，赤道之下，针定向上⑦，此土针锋亦略斜向上。今罗镜⑧中制之平耳。海西人云：磁石乃地中心之性，一尖指地，一尖指赤道。今将上指者，令重使平，以取南。与《物性志》谓磁石受太阳之精，其气直上下之说相合。

成之角度最大。

⑥针亦西南：房屋的面向与指南针的指向本来没有关系，但是选择房基时必先用罗盘针定向，这就使两者一致了。

⑦赤道之下，针定向上：指南针在赤道上的倾角大都接近于零，而不会向上。

⑧罗镜：罗盘针，其中装有指南针。

司南（指南针）

译文

定南针所指方向必有微小的偏向，不能准确指向正南。并且它偏向的大小各处不同，而每个地方偏向多少也不一定，如北京二十年前测得偏三度，现在偏二度半。各省或偏西或偏东，都不一致。唯独盛京地方曾测得为正南，现在不知是否有变化？宋代沈括在《梦溪笔谈》中说，磁石磨针，必微偏东向。而元代周达观在《真腊风土记》中说，定南多丁未针。《大观本草注》中说，丙丁都在火位，庚辛受到它的制约，是物理相感应的结果。但是推求正南的道理，古人没有谈到。我曾测量日影，见太阳到正南，影必下垂，以此来确定这是正南的方向。现在人营造住宅，如果由于地形曲折，面向就不必说了。如果正好有平正地方，其所选择建造住宅地基的方向向东南的，定南针也指东南；向西南的，定南针也指西南。原来并不是有意这样做的，而是自然而然，这中间无法加进人的智巧。又，在赤道之下，针必定向上，这种地方针锋也略斜向上。现在罗镜中的针因受制约才成水平而已。西洋人说磁石乃是地球中心的性质，一尖指向一个地点，另一尖指赤道。现将上指的一端加重，使之水平以取指南。与《物性志》所说磁石受太阳之精，其气直上直下的说法相符合。

磁偏角

　　康熙帝从中国的四大发明之一指南针发现了磁针不能指示正南正北的现象，并试图说明这一原因。姑且不论康熙帝说的正确与否，把这一发现记述在文字中就足够伟大了。

　　现在知道，康熙帝所说的指南针现象就是磁偏角的问题。磁偏角是指地球表面任一点的磁子午圈同地理子午圈的夹角。由于地球大磁场的真正的南北两极与地理上南北两极存在偏差，因此就出现了这一现象，同时地球的磁偏角还要受到来源于电离层及太阳活动的影响，分平静变化和干扰变化，地球磁场有长期变化和短期变化，即使一天之中，极地磁场也可能变化，磁偏角也会随之变化，这足以解释康熙帝所记述的现象。在我国，正常情况下，磁偏角最大可达 6 度，一般情况为 2～3 度。

两尺脉属两肾

原典

　　人身藏[1]府，皆表里相配，于五行各有专属：肺与大肠为表里，属金；心与小肠为表里，属火；肝与胆为表里，属木；脾与胃为表里，属土；肾与膀胱为表里，属水。惟命门[2]为虚寄，或云属火，或云属水，总无确说。西北医家谓左右尺脉[3]，分属左右肾，皆水也。细思其言，颇为近理。朱子曰：属北方者，便著用两字，元亨利贞，贞配智，北方水地，文言以"贞固"二字释之。方神朱雀、青龙、白虎皆一，北方玄武，便有龟、蛇二者矣。又，《左传》蔡墨对魏献子五官金、木、火、土之正，皆用一人为之，至水正则曰修及熙为玄冥，以二人治之，即此义也。

注释

　　①藏：同脏腑，即人体的五脏六腑。

　　②命门：中医把右肾叫作命门，认为是生命攸关之处。

　　③尺脉：中医把脉分为寸、关、尺三部分，尺脉就是诊脉时第三指所按之处。右手的称右尺脉，左手的称左尺脉，中医认为左右尺脉分属左、右肾。

译文

人体的五脏六腑，都是表里相配，分别隶属于五行：肺与大肠互为表里，属金；心与小肠互为表里，属火；肝与胆互为表里，属木；脾与胃互为表里，属土；肾与膀胱互为表里，属水。唯有命门是虚设的，有的说属火，有的说属水，总无确切说法。西北的医家说是左右尺脉，分属于左右肾，都属水。仔细考虑这种说法很合乎情理。朱熹说，属北方的，便著用两个字，元亨利贞，贞配智字，北方水地，文言用"贞固"二字解释，方位之神朱雀、青龙、白虎都是一个，而北方玄武便有龟、蛇两个了。又，《左传》蔡墨告诉魏献子上古五行治理的官员，其中金、木、火、土四官，都用一个人充当，至于水正之官员，名叫修与熙，神为玄冥，实际用两个人治理，就是这种含义。

中医尺脉论

康熙帝从中国的五行学说配合中国的中医理论探讨尺脉的五行归属及为什么归属左右肾的缘由，引经据典，可谓独到。

尺脉，寸口脉三部之一。寸口脉分寸、关、尺三部，桡骨茎突处为关，关之前（腕端）为寸，关之后（肘端）为尺。寸关尺三部的脉搏，分别称寸脉、关脉、尺脉。中医理论认为左手尺上二脉，沉者肾脉也，浮者膀胱脉也。右手尺上二脉，沉者命门脉，浮者三焦脉也。尺部脉浮，主腰痛踝痛，腿膝麻木，足胫肿痛，大便不利；尺部脉沉，主脚肿痛疼，下重麻木，小便不利；尺部脉迟，主小便急痛，外肾偏痛，大便泄泻，小便频数；尺部脉数，主小便不通，大便秘结，或作肾痛。女子与男子相反。

康熙帝发现了史书的谬误

《辽史》中有一条在辽代都城观察到老人星（南半球最明亮的恒星）的记载，就让康熙帝不以为然。他说，"夫星辰虽随天运行，而其隐见，却有方隅"，老人星在扬州一带二三月时经常能看到，但是在北方则是看不到的，辽都地处最东北，怎么可能看得到呢。

关于老人星，还有一件有趣的事。康熙二十八年二月，康熙南巡到江宁，就是今天的南京。傍晚，他登上观象台，把大臣们召集来，和他们讨论起天文知识。当时在场的李光地在《榕村语录续集》里记着他与康熙之间的对话："予说：'据书本上说，老人星见，天下太平。'上云：'什么相干，都是胡说。老人星在南，北京自然看不见，到这里自然看见。若再到你们闽广，连南极星也看见。老人星在哪一日不在天上？如何说见则太平？'"比起李光地这样的理学大师来，康熙在天文学这种"格致之学"上肯定是具有知识优势的，这一次，他在臣子面前好好地炫耀了一把。

一

下之中

下之中卷注重植物之研究，有果单记述、蓍盘的论证、各作泥蜡的解惑、倒吊果、林檎的离奇、枫树的风情；也有葛仙米、阿溢、猛犸象的传奇；更有人中穴的理辨和大地震的记述。

康熙御制印玺宝薮

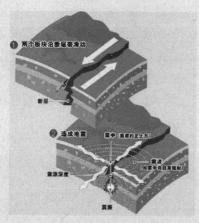

地震三维图

葛仙米

果　单

原典

果单①出陕西。查《本草注》云：果单以楸②子为之，即刘熙《释名》③所谓柰④油也。不知楸子所成特黄色一种耳。有红、黑二种，则以哈果为之。哈果出肃州⑤，及宁夏、边外⑥。回子呼为哈忒。今口外亦随处有之，枝干丛生，有柔刺，不甚高大，其皮可以饰箭溜矢把⑦，耐久倍于桃皮。叶似野蒲萄而小，结实攒聚，秋深乃熟，或赤色，或青黑色，故俗亦名红果、黑果。边人云：秋时采取，摘去枝梗，将果下锅，熬出津液，漉去渣滓，炼成薄膏，贮别器内，候少凉，膏欲凝结。略如纸房抄纸法，以木为匡，抄而成皮，匀薄如油纸，揭起阴干。红果成者，色红，黑果成者，色黑。土人以之饷远。亦名果煅皮，以自熬锻而成也。乃哈果之名，书籍皆不载，是知古今方物略而弗备者，何可胜记也。

注释

① 果单：今称果丹皮，是一种由山楂等水果做成的薄皮状食品。

② 楸：紫葳科落叶乔木，蒴果细长，种子可入药。在我国很常见。

③ 刘熙《释名》：刘熙，东汉学者，《释名》（后世又别称《逸雅》）八卷，是他的语言学专著。

④ 柰：沙果的一种。

⑤ 肃州：古州名，相当于今甘肃省的一部分。

⑥ 边外：是指旧边的边外，或更广的泛指旧边以西以北、内地边界之外的广大地区。

⑦ 箭溜矢把：不详，疑是箭筐箭靶之类物品。

译文

果单出产在陕西。查《本草注》说，果单是用楸的果实做的，就是刘熙《释名》所说的柰油，却不知道用楸子所做的果单只是黄色的一种罢了。另有红、黑两种，则是用哈果做的。哈果产在肃州和宁夏、边外。回民叫作"哈忒"。现在口外也到处都有，枝杆丛生有软刺，不太高大，其皮可以装饰箭溜矢把，耐久性比桃树皮长一倍。叶子像野葡萄叶而小些，结的果实簇聚一起，深秋时成熟，有的红色，有的青黑色，所以俗语也叫红果、黑果。边外的人说，秋天时候采取，摘去枝梗，将果下锅，熬出汤液来，滤去渣滓，炼成薄膏状，放到另一器皿里，等稍凉就会凝结成膏。大体像纸房抄纸法那样，用木做成框，搓成皮，匀薄如油纸，揭起阴干，就成了果单。用红果做成的为红色，用黑果做成的为黑色。当地人用这东西馈赠远方亲友。也叫果煅皮，因为是自身熬煅而成的。可是哈果的名称，书籍上都不记载，可知古今方物略而不载的，数不胜数。

果丹皮

果丹皮简易制作方法

康熙帝介绍了黄色、红色、黑色果单的制作方法，重点介绍了红黑果树及果单的制作，说它是民俗地域的产物。

康熙帝所说果单就是今天的果丹皮，现在多数用山楂做成，山楂就是康熙帝所说的红果。制作红色果丹皮很简单：将山楂洗干净，去掉两端的蒂，放入锅中煮软。现在有一种果酱器，将煮好的山楂倒入，先用最慢速，然后加快速度，磨好过滤好的山楂泥，再倒回锅中，此时山楂泥已经和水融合到一起，没有多余的水分析出。开小火，按自己的口味在山楂泥中加糖。调味之后的山楂泥，找一张油布铺在桌子上，然后倒入一部分山楂泥，用刮板抹平。风干好的果丹皮就可以从油布上撕下来了，如果没有干透是很难撕的，千万不要硬来。现在超市里很多，多是机械制作。

普　盘

原典

普盘即木莓①一名悬钩子，《尔雅》所谓葥也。按《本草》云，悬钩树，生高四五尺，其茎白色，有倒刺，其叶有细齿，颇似樱桃叶而狭长，又似地棠②花叶。四月开小白花，结实红色，味酸美，人可多食之。有以为即覆盆③，误也。盖莓有三种：藤生缘树而起者大麦莓，乃入药之覆盆也；树本挺而丛生者木莓，一名山莓，即普盘也；草本委地而生者地莓，亦名蛇莓④，不可食，今江南人谓之蛇盘也。

注释

①木莓：蔷薇科植物，直立灌木，有刺，又叫悬钩子。

②地棠：可能是草莓的一种。

③覆盆：即覆盆子，蔷薇科落叶灌木，一种中药材。

④蛇莓：多年生蔷薇科草本植物。

译文

普盘就是木莓，又叫悬钩子，就是《尔雅》中所说的蒛。根据《本草》书上说：悬钩树有四五尺高，它的茎为白色，有倒刺，叶子有细齿，像樱桃叶而狭长，又像地棠花叶。四月开小白花，结红色果实，味酸美，人可以多吃。有人以为是覆盆子，那就错了。莓有三种：以藤蔓绕树而长的为大麦莓，这是入药的覆盆子；木本挺拔而丛生的为木莓，又叫山莓，就是普盘；草本匍匐于地面而生长的为地莓，也叫蛇莓，不能吃，现在江南叫作蛇盘的就是。

木莓

康熙帝在文中介绍了木莓的三个种类，特别是叫普盘的木莓。描述了木莓树的树状，花色和果实。

木莓是一种蔷薇科悬钩子属的木本植物，是一种水果，果实味道酸甜，植株的枝干上长有倒钩刺。有很多别名，例如：悬钩子、覆盆、覆盆莓、树梅、树莓、野莓、木莓、乌蔗子。覆盆子的果实是一种聚合果，有红色、金色和黑色，在欧美作为水果，在中国大量分布但少为人知，仅在东北地区有少量栽培，市场上比较少见。通常生于山区、半山区的溪旁、山坡灌丛、林缘及乱石堆中，在荒坡上或烧山后的油桐、油茶林下生长茂盛，性喜温暖湿润，要求光照良好的散射光，对土壤要求不严格，适应性强，但以土壤肥沃、保水保肥力强及排水良好的微酸性土壤至中性沙壤土及红壤、紫色土等较好。

木 莓

各作泥腊

原典

西洋大红，出阿末里噶①。彼地有树，树上有虫，俟虫自落，以布盛于树下收之，成大红色虫，名"各作泥腊"②。考段成式《酉阳杂俎》有紫铆③，出真腊国④，呼为"勒佉"。亦出彼国⑤。使人云，是蚁运土于树端作窠结成紫铆。唐《本草》苏恭⑥云，紫铆正如腊虫⑦，研取用之。《吴录》⑧所谓赤胶，亦名紫梗⑨，色最红，非中国所有也。又考元周达观《真腊风土记》云：紫梗，虫名，生于一等树上，其树长丈余，枝条郁茂，叶似橘，经冬而凋，上生此虫，正如叶螵蛸⑩之状，叶凋时虫亦自落，国人用以假色，亦颇难得。又唐人张彦远《名画记》云："画工善其事，必利其器。研炼重采，用南海之蚁铆。"按今西洋之各作泥腊，大小正如蚁腹，研淘取色，有成大红者，亦有成真紫者。用之设采，鲜艳异于中国之红紫。是即古之紫铆无疑。而北宋以前画用大红色，至今尤极鲜润者，实缘此也。

注释

① 阿末里噶：即美洲。

② 各作泥腊：由美洲热带和亚热带仙人掌的蚧科雌性介壳昆虫的干燥躯体粉碎，制得的红色染料。

③ 紫铆：又叫虫胶、紫胶，由一种紫胶虫生成的，雌虫呈黄褐色或紫红琥珀色，雄性呈鲜朱红色，寄生于牛肋巴或一些树木上。

④ 真腊国：柬埔寨的古代名称。

⑤ 彼国：为"波斯国"之误，见《酉阳杂俎》前集卷十八。

⑥ 唐《本草》苏恭：唐代初年由政府主编的一部《新修本草》。但把苏敬误为苏恭。

⑦ 腊虫：是一种果木害虫，雌虫腊壳呈红色。

⑧ 《吴录》：晋代张勃撰，原书已佚，现有清代学者的辑佚本传世。

⑨ 所谓赤胶，亦名紫梗：都属于紫铆之类。

⑩ 螵蛸：螳螂的卵房。

译文

西洋大红，出产于阿末里噶。那地方有一种树，树上有虫，等虫子自己落下时，用布袋盛接于树下收起，成为大红虫子，名叫"各作泥腊"。段成式《酉阳杂俎》记有紫铆，出产于真腊国，称为"勒佉"。也出产于波斯国。外国来的使节说，是蚂蚁运土于树端作窠而结成紫铆。唐《本草》苏恭说，紫铆正如蜡虫，研碎取用。《吴录》所说的赤胶，也叫紫梗，颜色最红，不产于中国。又查阅元代周达观《真腊风土记》说：紫梗，虫名，生长在一类树上，那树高一丈多，枝条繁茂，叶像橘叶，经过冬季而凋落。树上生长这种虫子，正像叶螵蛸的形状，叶凋落时，虫也自然落下。那个国家的人用它来做颜料，也很难得。又，唐代人张彦远在《名画记》中说："画工善其事，必利其器。研炼重采，用南海之蚁铆。"现在西洋的各作泥腊，大小正如蚁腹，研淘取色，有成大红的，也有成真紫的。用它来设采，鲜艳不同于中国的红、紫。这就是古代的紫铆无疑。北宋以前作画用大红色，到现在仍极鲜艳润泽，就是用了这种颜料。

从树脂提炼出颜料

康熙帝介绍了生于美洲的一种小虫可以提炼出颜料，指出这种做法的原理同中国的紫铆提炼颜色的方法差不多，这种颜料使用后不容易褪色，光鲜长久。

关于康熙帝所说的外国虫子，已无从考证。但是中国使用紫铆染色的历史悠久，早在唐代就利用紫铆提取红色原料。紫铆是生长在我国西南地区的一种落叶乔木，紫铆能产生一种分泌物，也就是现在说的树脂，这种分泌物不溶于水，必须研碎用于染料、绘画中，由于这种原料具有黏性，可免胶使用。

枫 树

原典

枫树[①]南北不同。北方原无枫树之名，自南巡见枫树，方知北方之椵木[②]，即是枫树。但南方厥木惟乔，所以直生；北方厥木惟丛，故矮短耳。其枝叶则相同也。

枫 树

注释

① 枫树：古代著作中有关枫树的记载很多，似乎不是专指某一种树木。

② 桗木：北方人称枫树为桗。

译文

枫树南北不同。北方原来没有枫树之名。自我到南方视察见到枫树，才知道北方的桗木就是枫树。只是南方这种树木是乔木，所以生长得高直，而生长在北方的这种树木是丛生的，所以矮小罢了。它们的枝叶则是一样的。

南北枫树之别

康熙帝针对南北地区的枫树差别，从树干的大小、高矮上进行了区分。

现代生物研究知道南北枫树还是有细微区别的。南方的枫树属于金缕梅科枫香属，分布于中国长江流域及其以南地区，一般垂直分布在海拔 1000 ~ 1500 米以下的丘陵及平原，落叶乔木，高可达 40 余米，胸径 1.5 米，具有较强的耐火性和对有毒气体的抗性，可用于厂矿区绿化；北方的枫树属于槭树科槭树属，分布于东北、华北及长江流域各省，俄罗斯西伯利亚东部、蒙古、朝鲜和日本也有分布，是我国槭树科中分布最广的一种落叶乔木，多生于海拔 800 ~ 1500 米的山坡或山谷疏林中，在西部可生长在海拔 2600 ~ 3000 米的高地，高可达 20 米，叶常掌状 5 裂，长 4 ~ 9 厘米。本种树形优美，叶、果秀丽，入秋叶色变为红色或黄色，宜做山地及庭园绿化树种。

康熙南巡·枫桥

133

阿滥

原典

阿滥之名见《唐诗纪事》①，骊山有小禽名阿滥堆，善鸣。明皇②御玉笛，采其声翻新曲，且名焉。张祜③诗云："至今风俗骊山下，村笛尤吹阿滥堆。"《通雅》④云，鹫⑤，骊山鸟也，一名阿滥堆。则古名鹫矣。亦作鴳滥，韦昭所谓鴳扈。苏轼诗："不见阿滥堆，决起随冲风。"此鸟有二种：一种凤头者，高诱《吕览》注所谓鴳，一名冠雀是也；一种无凤头者，《汇雅》所谓阿兰，似百舌而无毛角是也。江南人呼为鴳鹠，或讹为乌鹠。

注释

①《唐诗纪事》：宋代计有功编，八十一卷，收1150家诗人的作品。

②明皇：后人对唐玄宗李隆基的称呼。

③张祜：唐代中后期人，字承吉，有《张承吉诗》二卷。

④《通雅》：明末清初方以智（1611—1671）著，五十二卷，是一部内容丰富的类书。

⑤鹫：鸟名。

译文

阿滥之名见于《唐诗纪事》，骊山有一种小鸟名叫阿滥堆，善于鸣叫。明皇吹奏玉笛采取其叫声而翻成新曲，并取曲名为"阿滥堆"。张祜诗说："至今风俗骊山下，村笛尤吹阿滥堆。"《通雅》说，鹫是骊山上的鸟，又叫阿滥堆。那么古代这种鸟是称作鹫的，也叫鴳滥。韦昭称作鴳扈。苏轼诗有"不见阿滥堆，决起随冲风"。此鸟有两种，一种是带凤头的，即高诱《吕览》注中所说的鴳，一名冠雀的就是；一种是无凤头的，《汇雅》中所谓阿兰，像百舌鸟而又没有毛角的就是，江南人叫作鴳鹠或者误称为乌鹠。

云雀

康熙帝引经据典介绍一种阿滥鸟名字的不同叫法，并且介绍了它分有冠与无冠两种。

康熙帝介绍的阿滥鸟实际上就是现代的云雀。云雀是一类鸣禽，共有四个品种，其中分布于中国的小云雀，中等体型，身长18厘米左右，有灰褐色杂斑，顶冠有细纹，尾分叉，羽缘白色。栖于草地、干旱平原、泥淖及沼泽。以食地面上的昆虫和种子为生。分布于我国山东、安徽、陕西、甘肃、四川、青海、西藏以南及台湾、海南岛。在高空振翅飞行时鸣唱，持续的成串颤音及颤鸣高昂悦耳，告警时发出多变的吱吱声。

云雀

金光子

原典

金光子，闽人呼酸枣[①]，树极高大，叶长而尖，如橄榄。四月开花浅绿色，结实如大枣，八月始熟，色黄，故亦名金枣。收干则紫赤色，味酸。核圆而坚，多窍，人心之状，圆外窍中，故此果专为心家药[②]。《闽书》[③]云，酸枣出福州建宁、福宁，建宁人以为糕，与楂糕相似。或云其种自西域佛国[④]来，取其核就天然罅孔处雕镂作罗汉形为念珠[⑤]。按《政和本草图经》云：酸枣真者最不易得，其木高数丈，径围一二尺，木理极细，坚而且重，皮亦细，纹似蛇鳞，其核仁大而色赤如丹。今市之货者，皆棘实耳。

注释

①酸枣：属于漆树科的南酸枣，为落叶乔木，其果实叫酸枣。

②心家药：养心安神之药。

③《闽书》：福建地方志，明代何乔远撰，一百五十四卷。

④西域佛国：泛指中国西部及中国以外信奉佛教的国家和地区。

⑤念珠：佛教僧侣诵经时用一串圆珠计算次数，也叫佛珠或数珠，一般由108颗珠串成。

译文

金光子，福建人叫作酸枣，树极高大，叶子长而尖，像橄榄。四月开花，浅绿色，所结果实如大枣，八月开始成熟，黄色，所以也叫金枣。收起干后呈紫红色，味酸。核为圆形而坚硬，多孔，像人心的形状，其外边圆，里边有孔，所以这种果子专门作为养心安神之药。《闽书》说，酸枣出自福州的建宁、福宁，建宁人把它做成糕，与山楂糕相似。有人说其种子自西域佛国传来，用它的核按天然裂孔处雕镂作罗汉形为念珠。根据《政和本草图经》说，真的酸枣最不易得到，其树高数丈，树围一二尺，木的纹理极细，质地坚硬而且重，而它的树皮也很细致，纹像蛇鳞，它的核仁大而色红如丹。现在街上卖的，都是棘的果实罢了。

酸枣的药用

康熙帝细述了酸枣树的形状、木质、及果实极其珍贵的药用价值。

酸枣又名棘、棘子、野枣、山枣、葛针等，原产中国华北，中南各省亦有分布。多野生，常为灌木，也有的为小乔木。一般在每年的八九月份就开始成熟。果小、多圆或椭圆形、果皮厚、光滑、紫红或紫褐色，肉薄，味大多很酸，核圆或椭圆形，核面较光滑，酸枣仁的功效与作用及食用方法非常之多：治虚劳虚烦，不得眠；治心脏亏虚，神志不守，恐怖惊惕，常多恍惚，易于健忘，睡卧不宁，梦涉危险，一切心疾；治胆风毒气，虚实不调，昏沉睡多；治睡中盗汗等。

酸 枣

葛仙米

原典

葛仙米 ① 生湖广 ② 沼溪山穴中石上。遇大雨冲开穴口，此米随流而出，土人捞取。初取时如小鲜木耳，紫绿色，以醋拌之，肥脆可食，土人名天仙菜。干则名天仙米，亦名葛仙米。以水浸之，与肉同煮，犹作木耳味。大约山洞内，石髓 ③ 滴石而成，性寒，不宜多食。闻他府及四川有之，必遇水冲乃得，岁不常遇。他如深山背阴处，大雨之后，石上亦间生，然形质甚薄，见日则化，或干如纸，不可食矣。又《梧州府志》，葛仙米出北流县④勾漏洞石上，为水所渍而成，石耳类⑤也。采得暴干，仍渍以水，如米状以酒泛之，清爽袭人。此原非谷属而名为米，俗云晋葛洪隐此，乏粮采以为食，故名。《岭南杂记》云，韶州仁化县丹霞山产仙米，遍地所生，粒如粟而色绿，煮熟如米，其味清腴。大抵南方深山中皆有之也。

注释

① 葛仙米：葛仙米属蓝藻门，颤藻科，生于水中岩石间或湿润的泥土上，可食。

② 湖广：指湖南、湖北、广东、广西。

③ 石髓：石钟乳。

④ 北流县：今广西东南部北流市，其东北有勾漏山。

⑤ 石耳类：生长于岩石上的藻类植物。

译文

葛仙米生长于湖广小河流边或者山洞中的岩石上。遇大雨冲开洞口，这种"米"便随流而出，被当地人捞取。刚捞取出来时像小鲜木耳，紫绿色，用醋搅拌，肥脆可食，当地人取名"天仙菜"。干了以后则叫"天仙米"，也叫"葛仙米"。用水浸泡了与肉同煮有点像木耳的味道。大约是山洞内的石髓，由滴石而形成，性寒，不宜多吃。听说其他府和四川有时也有，必须遇到水冲才能得到，不是经常能遇见的。其他如深山背阴处，大雨之后，在石头上也偶有生长，但是形质很薄，见日光则融化，或干如薄纸，就不能吃了。又《梧州府志》记载：葛仙米出产于北流县勾漏洞岩石上，由于水渍而成，属于石耳类。采集起来晒干，再渍以水就像米状，用酒漂泡了，清爽袭人。这种东西本来不是谷类而名为米，民间传说晋朝葛洪隐居于此，缺乏粮食，就采集这东西充作食物，所以叫"葛仙米"。《岭南杂记》说，韶州仁化县丹霞山出产仙米，遍地所生，一粒粒像谷子而颜色发绿，煮熟了大如米粒，其味清香肥美，大体南方深山里都有这种"米"。

野生藻类葛仙米

康熙帝借助于葛仙的传说介绍了南方生长的一种藻类，从形状、采摘时间、色泽等方面记叙，但是这种东西属于寒性，不宜多食。

葛仙米为晋朝皇帝赐名，学名拟球状念珠藻，为蓝绿色珠状。生长于磷矿质土类水田中，生长期为 11 月至次年 5 月，属于淡水野生、高蛋白、多功能、纯天然绿色保健食品，含有 15 种氨基酸，干物质总蛋白质高达 52%～56%，同时还可以主治夜盲症、脱肛等病，外用可治烧伤、烫伤兼美容等功效。在世界范围内，非洲有七亩，产量甚微；湖北襄樊地区仅有七分地；湖北鹤峰有万亩之产地且产量极高，鹤峰葛仙米，世界珍稀，中国一绝。广州、深圳、上海、福州、香港等城市销售价格为 600～1000 元/千克。

倒吊果

原典

倒吊果，俗名吊搭果，形似山梨而小，体微长，味酢，肉多沙，长蒂。诸果始生时皆向上，此果花实皆下垂，故名。生时坚涩，熟乃沙，性暖，利健脾消食。树枝叶俱如梨，为秦中[①]物产。今遵化[②]沿边有之。而考之书籍，草木诸谱[③]皆不载倒吊之名。惟司马相如[④]《上林赋》云："楉遝离支。"楉遝音近打拉。张揖[⑤]注云："楉遝，果名。"按梅尧臣[⑥]《牡丹诗》用"打拉"二字。北人方言，以敧垂为打拉。是楉遝名果，或因其下垂也。《说文》《篇海》[⑦]俱作搭榹果，今名吊搭，或是楉遝音之转耳。

译文

倒吊果，俗名吊搭果，形状像山梨而小些，个体稍长，味酸，肉多沙，果柄较长。一般的水果最初长出时都向上，而这种果的花和果实都下垂，所以叫倒吊果。未成熟时又硬又涩，熟了带沙，性暖，利于健脾消食。树的枝叶都像梨树，是秦中的土产。现在遵化沿边就有，但考查书籍，草木诸谱都不记

注释

① 秦中：古地区名，大体与今陕西关中地区略同。

② 遵化：即今河北遵化市。

③ 草木诸谱：泛指记载植物的著作。

④ 司马相如：西汉文人（前 179—约前 122），有《司马长卿集》二卷，《上林赋》和《子虚赋》为其代表作。

⑤ 张揖：三国魏人，著《埤在》《估今字诂》等书，还有《广雅》十卷。

⑥ 梅尧臣：宋代著名诗人（1002—1060），有《宛陵集》六十卷，附录一卷。

⑦《篇海》：查《康熙字典备考》引有《篇海》《篇海类编》《五音篇海》等书，玄烨所指当为其中之一。

载"倒吊"之名。唯有司马相如《上林赋》说："楛逿离支。"楛逿音近打拉。张揖注说："楛逿是果名。"查梅尧臣《牡丹诗》，用"打拉"二字。北方人的方言把倒垂称为打拉，因此用楛逿为果名，或是因为它下垂的缘故。《说文》和《篇海》两书都称作楛樲果，现在名叫吊搭，或是由楛逿之音转来的。

荔枝的历史

康熙帝根据水果的味道、生长形状、产地、古籍上谐音介绍一种倒吊水果。

其实康熙帝说的倒吊果就是今天的荔枝。荔枝是南方物种，不可能原产地在秦中。据历史记载"荔枝"两字出自西汉，而栽培始于秦汉，盛于唐宋。古名离枝，意为离枝即食。荔枝栽培史可上溯到汉武帝时期，司马相如《上林赋》已有记载。因其风味绝佳，深受喜爱，唐代或更早即已列为贡品。杜牧名诗："一骑红尘妃子笑，无人知是荔枝来"，千古传诵。苏东坡"日

荔 枝

啖荔枝三百颗，不辞长作岭南人"同样风靡至今。10世纪前后荔枝传入印度。17世纪传入越南、马来西亚半岛和缅甸等许多国家，被誉为"果中之王"，近年引种至南美等地。荔枝味甘、酸、性温，入心、脾、肝经，果肉具有补脾益肝、理气补血、温中止痛、补心安神的功效。

林 檎

原典

李类甚繁，林檎[①]其一也。树不甚高，枝叶皆如李，花白。唐人谓之"月临花，实如李，而差小"。有黄、红二种。《本草》所谓金林檎、红林檎是也。独核有仁，味甘津，亦名来禽，亦名密果。此果味如密，能来众禽于林，故得林檎、来禽、密果诸称。《学圃杂疏》[②]谓，花红[③]，即古林檎，误矣。

花红，柰属也。柰有数种，其树皆疏直，叶皆大而厚，花带微红。其实之形色各以种分：小而赤者，曰柰子；大而赤者，曰槟子；白而点红，或纯白圆且大者，曰苹婆果；半红白脆有津者，曰花红；绵而沙者，曰沙果。《西京杂记》④所以有素柰、青柰、丹柰之别也。又有海棠果，《通志》谓之海红，而关西⑤有揪子，有楒栌⑥（满洲⑦呼山楂曰楒栌，与陕西同音。查梅尧臣有"得沙苑楒栌诗"，《政和本草》附载楒栌于柰内，是宋时已有此称。其始或从陕西流名关外，或从关外通音陕西，俱未可定），亦皆柰类。盖李之与柰，其枝、叶、花、实固区以别，而其子、核之异尤最易辨：坚而独者，李类，柔小而四五粒者，柰类。草木诸书皆以林檎附于柰内，其亦未尝体认物性矣。

注释

① 林檎：两种，一种在北方，苹果科；一种在南方，番茄枝科。本文是沙果。

②《学圃杂疏》：明王世想（1536—1566）撰，二卷。

③ 花红：现代仍把花红当作林檎。

④《西京杂记》：西晋葛洪所作，书的内容主要是记载汉代长安（今西安市）的事物，现传有六卷本和二卷本，共有一百二十一条笔记。

⑤ 关西：泛指潼关或函谷关以西的地区。

⑥ 楒栌：蔷薇科果木。

⑦ 满洲：明末女真首领自号满洲汗，后以满洲命名族称。这里所指是我国东北地区。

译文

李子的种类很多，林檎是其中的一种。树不太高，枝、叶都像李树，花为白色。唐代人称它"月临花，实如李，而差小"。有黄、红两种。《本草》所说的金林檎、红林檎的就是。只是核中有仁，甘甜多汁，也叫来禽，也叫蜜果。这种水果味甜如蜜，能招来众鸟到树林，故得到林檎、来禽、蜜果等各种名称。《学圃杂疏》说，花红即古林檎，这就错了。花红是柰类，柰有许多种，它们的树都很疏直，叶都很大而厚，花带有微红。果实的形状颜色分别以种类而分：小而红的叫柰子；大而红的叫槟子；白而有一点点红或纯白圆且大的叫苹婆果；半红半白脆有津液的叫花红；绵而沙的叫沙果。《西京杂记》因此有素柰、青柰、丹柰的区别。又有海棠果，《通志》称为海红，而关西有揪子、有楒栌（满洲把山楂叫楒栌，与陕西同音。查梅尧臣有"得沙苑楒栌诗"，《政和本草》附载楒栌于柰条内，由此知宋代已有这种称呼。其起源或是陕西把名称传到关外，或者从关外通音陕西，都不一定），也都是柰类。李子和柰子，其枝、叶、花、果固然能区别，但它们的子、核之差别就更容易分辨：坚硬而又是一个核的是李类，软小而具有四五粒果实的是柰类。草木诸书都把林檎附于柰内，那也是未曾亲自辨认事物性质的结果。

小苹果林檎

康熙帝在文中介绍林檎属于李子类，重点介绍了与大中小各种柰子的区分，指出除了味道、外形的不同外，还有果核的不同。

康熙帝说的林檎实际上就是一种沙果，也就是一种小苹果。其叶呈卵形或椭圆形，花粉为红色；果实球形，像苹果，但比苹果小，黄绿色带微红，是常见的水果。树种属小乔木，高4～6米，适宜生长在山坡阳处、平原砂地，海拔50～2800米处，性平，味甘酸，具有止渴、止泻、涩精的功效。果除做鲜食外，还可以加工制成果干、果丹皮或酿酒。我国内蒙古、辽宁、河北、河南、山东、山西、陕西、甘肃、湖北、四川、贵州、云南、新疆等地都有栽植。

林檎（小苹果）

人　中

原典

　　人之水沟穴[1]，在鼻下口上，一名"人中"。脉论、奇经[2]诸书谓，任、督二脉，一行于身之前、

注释

　　[1] 水沟穴：是指在唇上的凹处的穴位，这里是说在这位置的一个穴位而不是给"水沟穴"命名。

一行于身之后，会于素髎、水沟、龂交③三穴。三穴为面中三水沟，又为三之中，故名"人中"也。一说人有九窍，自鼻以上皆两，自口以下皆一，此居其中，故云。是但释"中"之义耳。而王逵《蠡海集》④为之说曰，所谓人中者，天食人以五气⑤，鼻受之，地食人以五味，口受之。人中盖居人身天地之中也。此又未免穿凿。盖人受天地纯全之气成形，四肢百骸能得其全；兽则得其偏，如猿猴、猩猩之类，凡诸寓兽亦似人形，而其鼻柱直唇之间，总无此水沟一段。以此辨人之独异于兽，水沟之所以得"人中"名也。今满洲呼"呢呀尔马"，蒙古呼"库门"，高丽呼"萨拉密"，皆直曰人而已。可见义理真确，自可通之六合⑥。窃疑古人气穴辨论，何以未经道此？及阅《素问·骨穴篇注》有"鼻"、"人"二字，是古人亦祇呼为人矣。

② 脉论、奇经：泛指有关脉学和奇经之类的医学著作，"奇经"是指人身体普通经络之外的特殊经络。李时珍著《奇经八脉考》一卷，对奇经八脉进行了详细讨论。

③ 素髎、水沟、龂交：素髎和龂交是两个穴位，分别位于人中上、下部。

④ 王逵《蠡海集》：王逵，明代民间学者，博究百家，撰《蠡海集》。

⑤ 五气：有不同的解释，如五方之气，五行之气。

⑥ 六合：原意为天地四方，此处指任何地方。

译文

人的水沟穴，在鼻下嘴上，又叫"人中"。脉论、奇经诸书说，任、督二脉，一条走行于前身，一条走行于后身，会合于素髎、水沟、龂交三穴位。三穴位为脸面上的三个水沟，且又为三者之中，所以叫"人中"。还有一种说法：人有九窍，自鼻以上都是成对的，自嘴以下都是单个的，这个穴位处于两者之中，所以叫作"人中"。这仅是解释"中"的含义而已。但王逵《蠡海集》指出，所谓"人中"，天给人提供五气，由鼻子承接；地给人提供五味，由口承接；"人中"正居人身的天、地的中间。这又未免穿凿附会。实际上，人是接受天地全纯之气而形成的，四肢百骸能得到全部；兽则得到一部分，如猿猴、猩猩之类，凡是各种寓兽也像人形，但是它们的鼻梁直到嘴唇，总无这类水沟一段。用这辨别人之不同于兽，水沟就因此得到"人中"的名称，现在满语呼"呢呀尔马"，蒙语呼"库门"，朝鲜语呼"萨拉密"，都是直接称"人"而已。可见义理其确，自然能够通行六合。我曾怀疑古人对气穴进行的讨论，为什么没提到这个问题？后来阅读《素问·骨穴篇注》有"鼻""人"二字，这样，古人也是只称为人。

人中与健康

康熙帝就人中的名称进行了考证，批驳了对人中的错误解释，指出了人中是区别于动物的标志。

就是鼻下唇上之间的那条直沟，每个人的长短、宽窄、深浅及直曲等都有不同，它是一个重要的急救穴位。当人中风、中暑、中毒、过敏以及手术麻醉过程中出现昏迷、呼吸停止、血压下降、休克时，医者用拇指端按于人中的中上处顶推，以每分钟20～40次进行强刺激，可使患者很快苏醒。健康人的人中是整齐的，位置正中，人中沟清晰匀称，颜色黄里透红。如果人中狭长，

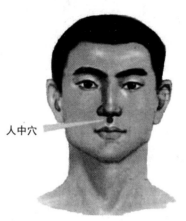

人中穴

人中穴

沟道窄细，或中细下宽，人中短缩，颜色灰暗，一般心脏都不会太好，易发作心绞痛。人中颜色发红，尤其靠近嘴唇处发红，显示热邪侵入，体内有瘀血。人中颜色发黄，表明脾胃虚弱，如呈土黄，则脾胃虚寒，可能有慢性病。人中沟肌肉松弛，则表明脾肾虚弱，气血不足。人中色青，则内里有寒湿，女性可能痛经，男性可能睾丸有问题。人中颜色时青时黑，表明肝肾可能有病。人中颜色暗绿，可能有胆囊炎、胆绞痛。人中颜色淡白，可能有慢性溃疡性结肠炎。人中颜色发黑（此黑与肤色黑不同），说明寒症重，可能有生殖泌尿系统疾病。

鼢 鼠

原典

俄罗斯近海，北地最寒，有地兽焉。形似鼠，而身大如象，穴地以行，见风日即毙。其骨亦类象牙，白泽柔滑，纹无损裂。土人每于河滨土中得之，以其骨制碗、碟、梳、篦。其肉性甚寒，食之可除烦热。俄罗斯名"摩门橐窪 ①"，华名"鼢鼠 ②"。乃知《神异经》③ 所云北方层冰之下有大鼠，肉重千斤，食之已热。字书 ④ 谓，鼢鼠别有一种，大于水牛，穿地而行，见日月之光则死，皆即此也。

注释

① 摩门橐窪：即猛犸象。是一种早已灭绝了的古哺乳动物，大小与现代象差不多，其化石经常在俄罗斯西伯利亚和美国阿拉斯加冻土层中发现，

有时发现皮肉完整的个体。

②鼢鼠：就是鼹鼠，哺乳纲，仓鼠科，体长15～27厘米，分布于俄罗斯西伯利亚、蒙古与我国北部的东北、内蒙古等地。和摩门囊窟不是同一种动物。

③《神异经》：旧题汉东方朔撰，可能是南北朝时人所写，假托东方朔之名，有些内容荒诞不经。现传有一卷。

④字书：泛指《尔雅》《说文解字》等字典类书籍，非指某一种具体的字书。

译文

俄罗斯近海，北方地最寒冷，有一种地兽生活在那里。形状像鼠，但身体大如象，钻地洞而行，见到风和太阳就死了。它的骨头也和象牙类似，白泽柔滑，纹理没有损裂之处。当地人经常从河边的土中得到，用其骨制碗、碟、梳、篦。其肉性甚寒，吃了能解除烦热。俄罗斯名称为"摩门囊窟"，中文名为"鼢鼠"。于是知道《神异经》所说北方冰层之下有大鼠，肉重达千斤，吃下去止热，是真的，字书说鼢鼠别有一种，比水牛还大，穿地而行，见到日月之光则死，都是这种动物。

灭绝的猛犸象

康熙帝介绍了一种所谓类似于象的鼠，形体大，见光而死，说法有点荒诞了。

其实文中所指并不是所谓的鼠而是灭绝的猛犸象。猛犸象又名毛象（长毛象），是一种适应寒冷气候的动物，曾经是生活在严寒地带的世界上最大的象之一。由于猛犸象生长及繁育的速度缓慢且幼象的成活率极低，且被捕杀的数量逐年增加，加之全球气温变暖，活动范围越来越小，因为近亲繁殖的原因直至最后消亡。猛犸象化石出土最多的地方是在北极圈附近。阿拉斯加的爱斯基摩人用象牙化石做屋门，北冰洋沿岸俄罗斯领海中有一个小岛，岛上遍地都是猛犸象的化

康熙像

石。这些化石是冰块流动时从岸边泥土中带出堆积到了这个小岛上。中国东北、山东长岛、内蒙古、宁夏等地区也曾发现过猛犸象的化石。猛犸象骨像中药里的"龙骨"一样，也是可以用来做药的。

地 震

原典

朕临揽六十年，读书阅事，务体验至理。大凡地震，皆由积气所致。程子曰，凡地动只是气动。盖积土之气，不能纯一，闷矒^①既久，其势不得不奋。《老子》所谓"地无以宁，恐将发此，地之所以动也"。阴阳迫而动于下：深则震动虽微，而所及者广；浅则震动虽大，而所及者近。广者千里而遥，近者百十里而止。适当其始发处^②，其至落瓦、倒垣、裂地、败宇，而方幅^③之内，递以近远而差。其发始于一处，旁及四隅。凡在东西南北者，皆知其所自也。至于涌泉溢水，此皆地中所有，随此气而出耳。既震之后，积气既发，断无再大震之理；而其气之复归于脉络者，升降之间，尤不能大顺，必至于安和通适，而后反其宁静之体，故大震之后不时有动摇，此地气反元之征也。

- - - - - - - - - - - - - - -

注释

①闷矒：封闭不出。

②始发处：相当于震源。

③方幅：地域范围。

译文

我即位执政六十年，读书阅事，务必体验其真正的道理。大凡地震都是由积气所造成的。程颐说，凡地动只是气动，由于积土之气不能纯一，封闭时间长了，其势不得不奋发。《老子》所说："地无以宁，恐将发此，地之所以动也。"阴阳压迫而运动于地下：深则震虽微小，但涉及的范围广；浅则震虽大，但涉及的范围小。范围广的可超过千里之外，小的百里、几十里而止。恰在始发的地方，甚至屋瓦脱落、墙倒、地面开裂、建筑物被毁坏。在所涉及的地域范围之内，递次由近到远而减弱。地震始发于一处，波及四面八方。凡在东西南北各方的人都知道是从哪个方向来的。至于涌泉溢水都是地中所有的，随着地气冒出来而已。已经发震之后，积

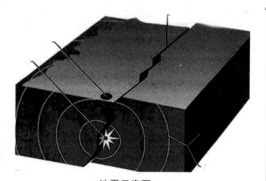

地震示意图

气既然发出，断无再发生大震的道理。但是地下的气复归于脉络的，在升降之间还未能完全顺畅，待达到安和通适之后，还要恢复原来的宁静之体，因此大震以后经常有动摇，这是地气恢复原状的征兆。

原典

宋儒谓阳气齾而不申，逆为往来，则地为之震。《玉历通政经》[①]云：阴阳太甚，则为地震。此皆明于理者。西北地方数十年内，每有震动，而江浙绝无。缘大江以南至于荆、楚、滇、黔多大川支水，地亦隆洼起伏，无数百里平衍者，其势敧侧，下走气无停行。而西北之地弥广旁薄，其气厚劲坌[②]涌，而又无水泽以舒泄之，故易为震也。然边海之地，如台湾月辄数动者，又何也？海水力厚而势平，又以积阴之气，镇乎土精[③]之上。《国语》所谓"阳伏而不能出，阴迫而不能蒸，于是有地震"，此台湾之所以常动也。谢肇淛《五杂俎》云，闽、广地常动，说者谓滨海水多，则地浮。夫地岂能浮于海乎？此非通论。京房言地震云，于水则波。今泛海者遇地动，无风而舟自荡摇，舟中人辄能知也。地震之由于积气，其理如此。而人鲜有论及者，故详著之。

注释

①《玉历通政经》：唐李淳风撰，是占星术方面的著作。

②坌：尘土。

③土精：土地的精气（或妖精）。这是毫无根据的说法。

译文

宋代的学者说过，阳气郁而不申，逆为往来，则大地就要发生震动。《玉历通政经》说：阴阳太甚则发生地震。这都是明白道理的。西北地方近数十年来，常有地震，而江浙一带绝对没有。因为大江以南至于荆、楚、滇、黔，大小河流很多，地面也高低起伏，连数百里的平地都没有，那种地方地势倾斜，向下走的气不会停止。而西北地域广大，气势磅礴，那里的气厚劲坌涌，而又没有江、湖借以舒展发泄出去，所以容易发生地震。但是沿海的地方，如台湾每个月都要发生几次地震，又是什么原因呢？是因为海水力量大而状态平坦，同时又是以积阴之气镇压在土精之上。正如《国语》所说"阳伏而不能出，阴迫而不能蒸，于是有地震"，这就是台湾经常发生地震的原因。谢肇淛《五杂俎》说，福建、广东等地方经常震动，有人认为是沿海水多则地浮在海上。大地岂能浮在海上呢？这不是人们公认的理论。京房讨论地震说"有水就有波"。现在出海的人遇到地震，无风而船自己荡摇，船中的人就能知道。地震起因于积气，其道理就是这样。但是人们很少有讨论到的，故详细写出来。

素熙广假格扬

古法今观——中国古代科技名著新编

地震形成的原因

康熙帝以当时的认知水平对地震震源深浅、破坏力、西北多地震等问题，从阴阳之气的角度进行了阐释，说地震发生的原因是地下之气的释放。这个观点看似正确，其实只是表象直观论断。

现在我们知道，地震是地球内部能量的释放。内部能量不是指气体。根据地震形成的原因分为构造地震、火山地震、陷落地震、诱发地震；根据震源深浅分为浅源地震、中源地震、深源地震。从形成原因上看，构造地震的发生概率最高，原因是岩层断裂，发生变位错动，在地质构造上发生巨大变化而产生的。有85%的地震发生在板块边界上，如环太平洋地震带。发生在板块内部，除与板块运动有关，还要受局部地质环境的影响，发震的原因与规律比板缘地震更复杂，如欧亚大陆内部（包括中国）。从震源深浅上看80%属于浅源地震。震源越浅，破坏越大，但波及范围也越小，反之亦然。

康熙习西学的目的

除了天文学，康熙还记录了他在生物学、地理学、物理学等学科的学习心得，如今看来也仍然颇有趣味。

康熙不是真正的科学家，那个时代的科学技术也有其局限性，他脱离不了诸如"谷穗变蚊""海鱼化狍"之类的窠臼。不过在当时，如周作人所说，中国人观察自然的"儒教化"与"道教化"的弊病，会限制最杰出的生物学家，强求一个业余的皇帝学者没有太大的意义。

吴伯娅在《康雍乾三帝与西学东渐》中认为，康熙研习西学最主要目的是夸示学问，"当科

康熙画像

学问题的'最高法官'，进一步强化封建皇权"。康熙说过"始知天下有用之物，随地皆有，初不以中外异也"，这句话可以当作他的文化政策的写照，一方面胸襟非常广阔，另一方面也仅止于"为我所用"而已，不可不察。

一

下之下

下之下卷研究江源之扑朔、恒河之流长、御稻米之功用、浮白穴之神奇、鸟舌之能巧、动物胃之区分、地中有火古来有，食气生存道精神。

稻 米

长 江

八 哥

江　源

原典

中国水之大而流长者，惟河与江，其源皆出西番界①。河之源，自《元史》发明之后，人因得知其大略。江之源则从未有能确指其地者。郦道元《水经注》颇言其端委，而于发源之处，则云："以今所闻，殆未滥觞②。"道元亦阙疑而弗敢定也。今三藏③之地俱归版籍，山川原委，皆可按图以稽。乃知所谓岷山导江者，江水泛滥中国之始，禹从此水而导之，江之源实不在是也。江源发于科尔坤山④之东南，有三泉流出（一自匝巴颜哈拉岭⑤流出，名七七拉噶纳⑥。一自麻穆巴颜哈拉岭⑦流出，名麻穆七七拉噶纳。一自巴颜吐呼母巴颜哈拉岭⑧流出，名古科克巴哈七七拉噶纳），合而东南流，土人名"岷捏撮"。岷捏撮者，译言岷江也，是为岷江之源。南流至岷纳克，地名鸦龙江⑨，又南流至占对宣抚司⑩，会打冲河⑪，入于金沙江，东流经云南境，至四川叙州府，与川江合。是真江源。

译文

中国江河之大而流域长的唯有黄河与长江，其源头都出自西番界。黄河的源头，自从《元史》上首先记载以来，人们由此得知其大概。但是长江的源头则从来没有人能明确指出其地点。郦道元《水经注》多次谈到

注释

①西番界：清代泛指中国西部少数民族地区。

②滥觞：指事物的起源。

③三藏：元明时期对西藏前、后藏称为乌思藏，此处系指西藏及其附近中国地区而言。

④科尔坤山：即今青海之昆仑山脉。

⑤⑦⑧匝巴颜哈拉岭、麻穆巴颜哈拉岭、巴颜吐呼母巴颜哈拉岭：均为今昆仑山脉东南段的支脉，位于今青海境内。

⑥七七拉噶纳：今雅砻江上游之扎曲。

⑨鸦龙江：根据地理位置判断，此鸦龙江不是那条命名为鸦砻江的河流，而是一个普通地名。

⑩占对宣抚司：宣抚司是元代在内地及西南少数民族地区设置的官署，明清时沿袭，但占对宣抚司在何处，未查到具体位置。

⑪打冲河：鸦龙江的下游，在今四川攀枝花市与金沙江汇合。

它的源委，而对它的发源地则说："以今所闻，殆未滥觞。"郦道元也是存疑而不敢定论。现在三藏之地都归版图，山川源委都能按图进行考察，才知所说岷山导江，是江水泛滥中国的开始，禹从这条水而进行疏导，长江的源头，实际不在这里。江源发源于科尔坤山的东南，有三股泉水流出（一股从匝巴颜哈拉岭流出，名叫七七拉噶纳；一股从麻穆巴颜哈拉岭流出，名叫麻穆七七拉噶纳；一股从巴颜吐呼母巴颜哈拉岭流出，名叫古科克巴哈七七拉噶纳），汇合以后向东南流去，当地人叫它"岷捏撮"。

康熙南巡·泛舟驶离南京

"岷捏撮"译过来就是岷江，这就是岷江的源头。南流到岷纳克，地名叫鸦龙江，又南流到占对宣抚司，会合于打冲河，汇入金沙江，东流经过云南境内，到四川叙州府，与川江汇合，是真正的长江源头。

康熙南巡·江宁府秦淮河

原典

后人但见打冲河之入金沙，金沙之入川江。而又据《禹贡》"东别为沱"之文，谓川江为岷江，溯流以穷源，谓江源必在黄胜关外。不知鸦龙江之上流实为江源也。故导江之江，有蜀江、离江、锦江、都江之称，随地随时异名，而不得专。岷江之目者非其源也。宋范成大、陆游亦尝言之。范成大《吴船录》曰，江源自西戎由岷山涧壑中出，而合于都江。今书所云，止自中国言耳。陆游《入蜀记》曰，尝登岷山，欲穷江源而不可得。盖自蜀郡之西，大山广谷，西南走，蛮箐[①]中皆岷山也，则江所从来远矣。二说皆知黄胜关流入之江非江源，而不能定其所在。后人反据《禹贡》文，以辨其非。

译文

后人只看到打冲河流入金沙江，金沙江流入川江。而又据《禹贡》"东别为沱"之文，说川江为岷江，并逆流以寻源头，就说江源必在黄胜关外，不知道鸦龙江的上流实际就是江源，所以"导江"的江有蜀江、漓江、锦江、都江的称呼，随地随时有不同名称，而不能专指岷江。岷江不是江源。宋代的范成大、陆游也都曾说过。范成大《吴船录》说长江源头从西由岷山涧壑中流出，而汇合于都江。现在的书中所说，仅是从内地而言的。陆游《入蜀记》说，曾登岷山想弄清长江源头，而未达到目的。因为自蜀郡以西，大山广谷，西南走向蛮箐之中，都是岷山，则长江的发源地来得远了。两种说法都知道在黄胜关流入的江水本是江源，但是不能确定江源的所在。后人反而根据《禹贡》的记载以辨是非。

原典

《汉书·地理志》谓：岷山在湔氐道①西徼②外江水所出，言虽无弊，特不知所谓徼外者，今科尔坤山之东南耶，抑即黄胜关外地也。《元史》云，江水出蜀西南徼外，东至于岷山，而禹导之，可谓得其方矣，而不能明悉如记河源者。盖河自都实奉使后，始得其源。大江潨发之地，从无人至者。元世祖南征，即从葱岭而南，直达天竺、缅甸，由云贵经湖广以返，路在江源之外，故不得其详也。然亦有至其地，而究未能辨之者，明之宗泐③是也。宗泐使西域归云，西番扶必力赤巴山有二水，在东北者为河源，在东南为犁牛河，江源也。犁牛河即丽江，一名金沙江者。宗泐但见是水之先合于金沙江，而后合于川江，不知金沙江别源于西番之乳牛山，去江源西千余里，乃谓岷江即金沙，误矣。

岷 山

译文

《汉书·地理志》说，岷山在湔氐道西徼外为江水的来源，说法虽然没有毛病，但不知道所谓"徼外"就是现在科尔坤山的东南或是黄胜关外地方。《元史》说长江水出蜀西南徼外，东到岷山，而大禹疏导之，可以说是抓住它的方向了，不过不如记载黄河源头那样详明。因为黄河从都实奉命考察后开始找到源头，长江的发源地点却从来无人到过。元世祖南征，就是从葱岭往南，到达天竺、缅甸，由云南、贵州经湖广回来，路在江源之外，所以不能得到它的详细情况。然而也有人到达过那个地点，但毕竟未能辨明，明代的宗泐就是个例子。宗泐出使西域，回来说，西番扶必力赤巴山有两股水，在东北面的为黄河源，在东南面的为犁牛河，就是长江源。犁牛河就是丽江，一名叫金沙江。宗泐只见这股水先汇合于金沙江，然后又汇合于川江，不知金沙江另外发源于西番的乳牛山，离长江源头之西有一千多里，说岷江就是金沙江，那就错了。

原典

数家之说，尤近于影响，其余荒唐散漫，更无可采。《隋·经籍志》有《寻江源》一卷，其书不传，间见《地记》有引之者。其说云，岷江发源于临洮木塔山。临洮今洮州卫，洮河横亘于南，江岂能越洮河而南下耶？即有其书，必多舛错，亦不足观已。惟明徐弘祖有《溯江纪源》一篇颇切于形理。弘祖[①]曰，河入中国历省五而入海，江入中国亦历省五而入海，计其吐纳，江倍于河，按其发源，河自昆仑之北，江自昆仑之南（按昆仑，即科尔坤之讹，非真昆仑也）。非江源短，而河源长也。又云，北龙夹河之北，南龙抱江之南，中龙中界之，北龙祇南向半支入中国，惟南龙旁薄半宇内，其脉亦发于昆仑，与金沙江相并南下，环滇池以达五岭，龙长则源脉亦长，江之所以大于河也。至李膺②《益州记》云，羊膊岭水分为二派：一东南流为大江；一西南流为大渡河。元金履祥释《禹贡》从之。夫大渡河源发于四川大邑县之雾中山，至嘉定州合川江。其去岷江真源，东西相隔千余里，去禹导江之处，南北亦相悬五百余里（《禹贡》导江之处在今黄胜关外，乃褚山）。而云俱发于羊膊岭，何其谬耶？此皆未得其真，惑于载籍，以意悬揣，而失之也。学者孰从而征之。故详记江源，并论列诸家之说于篇。

注释

① 弘祖：徐霞客，地理学家。

② 李膺：李膺（110—169），字元礼，颍川襄城人（今属河南），祖父李修，安帝时为太尉。

大渡河

译文

　　上述几家的说法还比较接近实际，其余的说法荒唐凌乱，更没有可取之处。《隋书·经籍志》中有《寻江源》一卷，其书失传，偶然看见《地记》有摘引的，该书说岷江发源于临洮木塔山。临洮即现在的洮州卫，洮河横亘于南，长江岂能越过洮河而南下呢？即使有这样的书，必定有很多错误，也不值得一看。只有明代徐弘祖有《溯江纪源》一篇，比较切合情理。徐弘祖说，黄河进入中原，经历五个省而入海，长江进中原后也经历五个省而入海。计其吐纳，长江比黄河多一倍，考察它的发源，黄河发自昆仑之北，长江发自昆仑之南（按昆仑就是科尔昆之误，不是真正的昆仑）。不是江源短而河源长。又说，北龙夹河往北，南龙抱江往南，中龙在中间为界。北龙只有向南的半支进入中原，唯独南龙流经半个中国，它的水脉也发源于昆仑山，与金沙江相并南下，环绕滇池以达到五岭，"龙"长则源头水脉也长，因此长江大于黄河。至于李膺《益州记》说，羊膊岭水分为两股，一股东南流为大江，一股西南流为大渡河。元代的金履祥注释《禹贡》时采用了这一说法，其实大渡河发源于四川大邑县的雾中山，到嘉定州汇合于川江，离岷江真正发源地东西相隔一千多里，到大禹导江之处南北也相差五百多里（《禹贡》导江之处，在现在的黄胜关外，就是褚山）。而竟说都发源于羊膊岭，那是多么大的错误？这都是没掌握真正的情况，被古书所迷惑，又加上主观猜测而造成的失误。学者们谁会相信而引用呢？所以详记江源并且论列诸家之学说于本篇。

长江之源

康熙帝在探究长江源头时，用了很长的篇幅提出古代地理学家、地理书籍对长江源头的记载或者考察，其中大多数没有指出长江的正源所在，唯有徐霞客的观点比较接近，同时提出了不要迷信古书以及实地考察的重要性。

现在我们对长江有了一个清楚的了解，知道长江全长 6380 千米，是世界第三大河，它的源头是位于青海省南部唐古拉山脉的主峰各拉丹东大冰峰。藏语里"各拉丹东"是"高高尖尖的山峰"的意思，它身下是七十几条现代冰川的冈加曲巴冰川。这七十几条现代冰川提供了长江源源不断的冰川水，这里孕育出了长江的正源——沱沱河，此名来源于蒙古语托克托乃乌兰木伦（意为缓慢的红江）。除正源外，长江还有一个北源，一个南源。长江北源——楚玛尔河，又名那木齐图乌兰木伦（蒙古语意为红叶江），又称曲麻莱河、曲玛河。长江南源——当曲发源于唐古拉山脉东段山麓的沼泽地，是地球上一片海拔最高的沼泽地。

曲玛河上游

沱沱河

155

恒 河

古法今观——中国古代科技名著新编

原典

　　释氏之书，本自西域，其纪山川似乎荒怪，然亦颇有依据，不可尽非其言。小有舛错者，或述之传闻，或译于笔授，转相记说而讹耳。如《因本经》①云，阿耨达山顶有阿耨达池，池东有恒伽河，从象口出，流入东海；南有辛头河，从牛口出，流入南海，西有博义②河，从马口出，流入西海，北有斯陀河，从师子口出，流入北海。后人据文疑水从牛、马、师、象口出，必无之理。不知所谓牛、马、象、师者皆山之形似也。其云入东南西北海，则误矣。阿耨达山，今之冈底斯③也。冈底斯之前，有二湖（番名马品母达赖湖④、郎噶湖⑤），即阿耨达池也。其东有山，曰马口（番名打母朱喀巴珀），有水流出，东南入云南境，为槟榔江⑥。经缅甸入南海⑦，其南有山曰象口（番名郎千喀巴珀），有水流出，入二湖而西流。其北有山曰师子口（番名僧格喀巴珀），有水流出，亦西行，与象口之水会，而南流。

注释

　　①《因本经》：佛经名。

　　②"义"：《通学斋丛书》本为"乂"。

　　③冈底斯：位于中国西藏西南部，山顶冰川很多，喇嘛教以该山为宇宙中心，尊为圣地。印度河与雅鲁藏布江发源于此山，印度河上源为狮泉河与象泉河，但不是恒河的上游。

　　④马品母达赖湖：即今玛法木错，在我国西藏自治区。

　　⑤郎噶湖：即今拉阿错，在我国西藏自治区。

　　⑥槟榔江：即今云南境内的太平江的西南流，在缅甸汇入伊洛瓦底江。

　　⑦南海：即孟加拉湾。

译文

　　佛教方面的书，本是来自西域，其中记载的山川似乎荒诞奇怪，但也多有所依据，不可以完全否定。有些小的差错，有的是根据传闻，有的是翻译时辗转传抄而弄错的。如《因本经》说，阿耨达山顶有阿耨达池，池东有恒伽河，河水从象口中出来流入东海；南有辛头河，河水从牛口中出来流入南海；西有博义河，河水从马口中出来流入西海；北有斯陀河，河水从狮子口中出来流入北海。后人根据文义怀疑水从牛、马、狮、象口中出来，肯定是没有道理的。而不知所谓牛、马、象、狮都是山的形象与它们相似，所说流入东、南、西、北海则是错误的，阿耨达山就是现在的冈底斯山。冈底斯山前有两个湖（当地语叫作马品母达赖湖和郎噶湖），也就是阿耨达池。在它的东边有座山叫马口（当地语叫打母朱喀巴珀），有水流出来，东南进入云南境内为槟榔江，经缅甸汇入南海。它的南边有山叫象口（当地语叫郎千喀巴珀），有水流出注入两湖，而向西流。它的北边有山叫狮子口（当地语叫僧格喀巴珀），有水流出也向西行，与象口之水会合，而向南流。

原典

其西有山曰孔雀口（番名马珀家喀巴珀），有水流出，南行与象师口之水会，而东南流为恒河（番名冈噶母伦江），入南海。是经所谓牛、马、师、象口者，方位或不同，至今番人尤称名之。特四水：一分流于东，为槟榔江，三合流于南，为恒河，而总入于南海。无分入四海之道耳。郦道元《水经注》引《西域记》①云："阿耨达山有水名遥奴，名萨罕，名恒伽，三水俱入恒河。"兹说信然。又，《括地志》②谓，阿耨达山，一名昆仑者，非也。昆仑去冈底斯西二十度③，在天竺之极西，西印度之北，以北极为天顶，故《河图括地象》④曰："昆仑横为地轴，上为天镇。"《道经》⑤谓"天之中岳。"《水经》谓"昆仑在地之中。"皆言在天地之中也。冈底斯去北极偏东二十度⑥，其非昆仑明矣。

注释

①《西域记》：郦道元《水经注》卷一引有《释氏西域记》或《释氏西域志》或《释氏西域传》，内容与此处所引相同，玄烨所说的就是《释氏西域记》。早佚。

②《括地志》：唐代萧德言等撰，已失传。

③二十度：可能是指地理经度，但与实际相差太大。

④《河图括地象》：纬书之一种，大约成于汉代，已佚。

⑤《道经》：此书可能已佚。

⑥冈底斯去北极偏东二十度：从地理位置看，冈底斯山脉在昆仑山脉以南。若以喀喇昆仑山脉计算，南北最远距离也不到10度，而东西在经度上只差几度，若以两山脉的东端计算，经度相差约20度左右，也许指此。"去北极"应是指去北极的两条经线。

译文

西方有座山叫孔雀口（当地语叫马珀家喀巴珀），有水流出，向南行，与象、狮口之水会合后而东南流就是恒河（当地语叫冈噶母伦江），注入南海。这是经过所谓牛、马、狮、象之口的，方位可能不同，至今当地人还这样称呼这四股水。只是这四股水一股流于东为槟榔江，三股合流于南成为恒河，四股汇总注入于南海，没有分别流入四海的河道。郦道元《水经注》引《西域记》说："阿耨达山有水叫遥奴，叫萨罕，叫恒伽，三条水都入恒河，"这种说法是可信的。还有，《括地志》说，阿耨达山，又名昆仑，这是错的。昆仑离冈底斯山西二十度在天竺之极西，西印度的北面。以北极为天顶，所以《河图括地象》说："昆仑横为地轴，上为天镇。"《道经》说：昆仑是"天之中岳"，《水经》说"昆仑在地之中。"都说是在天地之中。冈底斯离北极偏东二十度，它不是昆仑山是很明白的。

恒河源头及支流考证

康熙帝不但关注中国的河流，同时也关注外国的河流。对印度的恒河从源头和支流的汇入进行考证，指出了中国地理书籍及有关人士对恒河的误解。

恒河位于印度北部，是南亚的一条主要河流。恒河源头巴吉拉蒂河和阿拉克南达河发源自印度北阿坎德邦的根戈德里，两河在代沃布勒亚格附近汇合后，才被称为恒河。在阿拉哈巴德与其著名支流朱木拿河汇聚，在圣地瓦拉纳西，又集纳了许多支流，如哥格拉河、宋河、干达克河、古格里河等，入孟加拉国后，分成数条支流，在达卡西北与布拉马普特拉河汇合，形成"丫"字形，最后注入孟加拉湾。恒河全长2700多千米，有2100多千米在印度境内，500千米在孟加拉国。印度人民尊称恒河为"圣河"和"印度的母亲"，以神圣河流而屡受赞誉与宣扬。印度人多认为在此河沐浴可以洗除罪垢，因为恒河水中含有放射性矿化物铀238所蜕变产生的铋214，这种物质几乎能杀灭河水中99%的细菌。此外，恒河水还含有一般河道所没有的噬菌体和重金属化合物。三者的共同作用，使恒河水有了独特的自洁能力。

印度恒河

浮 白

原典

"浮白"二字，人但知为饮罚爵[1]之名，不知浮白乃人身气穴之一。《素问·黄帝问气穴篇》[2]曰"目瞳子、浮白二穴"，注云："浮白在耳后入发际，足太阳、少阳二脉之会。"特以古人未经用过，而《素问》为医药之书，学者未能旁通，故知者鲜耳。若"玉楼""银海"，经苏轼诗中引用，后人皆知玉楼为肩，银海为目矣。

注释

① 爵：古代饮酒用的杯具。罚爵就是罚酒。

② 《素问·黄帝问气穴篇》：《黄帝内经》中的一部分，现传本《素问》卷十五第五十七节为"气穴论篇"，玄烨所引即出于此。

译文

"浮白"二字，人们只知道是饮罚酒杯的名称，而不知"浮白"乃是人身上的气穴之一。《素问·黄帝问气穴篇》说"目瞳子、浮白二穴"，注云："浮白在耳后入发际，足太阳、少阳二脉之会。"只是因为古人未尝用过，而《素问》是医药方面的书籍，读书人未能旁通，所以知道的人少罢了。如"玉楼""银海"，经过苏轼诗中引用，后人都知道玉楼为肩、银海为目了。

中医浮白穴

康熙帝从浮白的名字导入，指出它也是一个人体的穴位，在耳后入发处，因为古书记载的少或者是提及的少，所以知道的人少。

现代中医认为，浮白穴在耳后乳突后上方，处天冲穴与头窍阴穴的弧形连线的中点处。意思是：浮浅明白体表的穴位。常用于治疗熬夜失眠造成的白发，治疗颈项痛、头痛、耳鸣、耳聋、瘿气、臂痛不举、足痿等。

御稻米

原典

丰泽园①中有水田数区，布玉田②谷种，岁至九月始刈获登场。一日循行阡陌，时方六月下旬，谷穗方颖，忽见一科高出众稻之上，实已坚好，因收藏其种，待来年验其成熟之早否。明岁六月时，此种果先熟。从此生生不已，岁取千百。四十余年以来，内膳所进，皆此米也。其米，色微红而粒长，气香而味腴，以其生自苑田③，故名御稻米。一岁两种亦能成两熟。口外种稻，至白露以后数天，不能成熟，惟此种可以白露前收割。故山庄稻田所收，每岁避暑用之尚有赢余。曾颁给其种与江、浙督抚④、织造⑤，令民间种之。闻两省颇有此米，惜未广也。南方气暖，其熟必早于北地。当夏秋之交，麦禾不接，得此早稻，利民非小。若更一岁两种，则亩有倍石之收，将来盖藏渐可充实矣。昔宋仁宗⑥闻占城有早熟稻，遣使由福建而往，以珍物易其禾种，给江淮两浙即今南方所谓黑谷米也。粒细而性硬，又结实甚稀，故种者绝少。今御稻不待远求，生于禁苑⑦与古之雀衔天雨⑧者无异。朕每饭时，尝愿与天下群黎共此嘉谷也。

注释

① 丰泽园：清代在北京的一处皇家小庄园。位于今北京故宫中南海太液池西北。

② 玉田：即今河北玉田县。

③ 苑田：古代养禽兽的地方叫苑，此处"苑田"一词系指皇家的田园。

④ 督抚：清代在各省设置总督和巡抚，合称督抚。

⑤ 织造：明清时期在江宁（南京）、杭州、苏州等地各设专局织造各种衣料绵缯之类，专供皇帝和宫廷以及在祭祀等方面的应用。

⑥ 宋仁宗：北宋的第四个皇帝赵祯（1010—1063）。

⑦ 禁苑：皇家的范围。

⑧ 雀衔天雨：这是关于我国古代农业创始人神农氏（即炎帝）的两个传说。雀衔，据晋代王嘉《拾遗记》所记"炎帝时有丹雀衔九穗禾，其坠地者，帝乃拾之，以植于田，食者老而不死。天雨，据清代马骕《绎史》所记"神农之时，天雨粟。神农遂耕而种之。"

译文

丰泽园中有水田若干片，种植玉田谷种，每年到九月，开始收割登场。

一天，沿着田埂行走时，才六月下旬，谷穗刚出来，忽然发现一棵高出其他稻谷之上的稻米，它的谷粒已经坚实成熟，于是把它的谷种收藏起来，等待第二年试验它的成熟是不是早些。第二年六月时，这品种果然先成熟，从此就继续种下去，每年收取千百斤，四十余年以来，皇宫里的饭食所用都是这种米。这种米颜色微红而粒长，气香而味美。由于它生产于苑田，所以叫作御稻米。一年种两茬也能成熟。在口外种稻子，到白露以后几天就不能成熟，唯独这个品种可以在白露前收割。因此，山庄稻田所收获的稻米，每年避暑时食用还尚有盈余。曾经把这稻种赐给江苏、浙江督抚、织造，让民间种植。听说这两省多有此米，可惜没有推广。南方气候温暖，它的成熟必定早于北方。在夏秋之交，麦子等庄稼接济不上的时候，得到这种早熟的稻种，给人民带来的利益不会小。假如一年种两茬，则亩产的收获就增加一倍，将来储藏就可能逐渐充裕了。早先宋仁宗听说占城有早熟稻子，就派遣使臣由福建前往，用珍贵的东西换来稻种，给江淮、两浙种植，就是现在南方所谓的黑谷米。因为这种米粒细长而质坚硬，且结的籽粒又很稀，所以种植的人极少。现在的御稻不需要到远处去寻求，生长在禁苑，与古代所说"雀衔天雨"没有差别。我每当用饭时，就想到愿和全国黎民百姓共享这种优良稻米。

御米种未能流传的原因

水　稻

康熙帝在偶然间发现了早熟稻子，并将它收割保留直至推广，宫内因此稻米四季充盈，康熙帝把它看作是和宋仁宗一样的智举，可惜没推广下去，最后的一句更是体现了帝王关心百姓的博大思想。

现在科技选种一要注重种子的适应性，要选适应本地生长的品种。二要注重种子的丰产性，产量要高，能达到或超过当地最高产的品种。三要注重种子的抗逆性，要能抵抗当地发生的主要病害，抗御异常气候因子，适于机械化作业。四要注重种子的纯度，田间表现整齐，杂株率不超出国家规定指标。从以上四点就可以理解古代帝王的御米种为什么推广失败了，原因是南北方的气候不同，作物生长需要的条件也不同。

食 气

原典

熊于山中必有�跧伏之所，大抵在岩洞之间，人谓之熊馆①。至冬时入蛰，呵气成冰，封其穴口，仅留一小孔，静伏于内，至春乃出。《毛诗名物解》②云："熊能引气，故冬蛰不食。"昔年曾猎得蛰熊，验视肠胃，净洁无物，知不食之言，信矣。倘猎者不即毙之窟中，熊逸而去，则虽冬月亦必搏兽而食，以此悟道家习静之士，能危坐两三日不食、不饥者，即食气内息之道也。若与人应对酬酢，便不耐饥饿，此无他，气随音而动，动则外泄内虚也。张紫阳③云，气全则生存。华佗五禽之戏④，本于庄周⑤"吹呴呼吸、吐故纳新，熊经鸟伸，导引养形之术。"各有所由来矣。

注释

① 熊馆：熊在山林中藏伏的处所，是借用人工养熊的处所"熊馆"而来。

②《毛诗名物解》：宋代蔡卞撰，二十卷。

③ 张紫阳：北宋的张伯端，号紫阳，著道教书《悟真篇》一卷。

④ 五禽之戏：东汉末著名医学家华佗（约141—203）所编制的一种仿虎、鹿、熊、猿、鸟五种动物活动的健身方法。

⑤ 庄周：即庄子，在其著作《庄子》卷四《刻意》第十五有"吹呴呼吸，吐故纳新，熊经鸟伸，为寿而已矣。此道引之士，养形之人，彭祖寿考者之所好也"。

译文

熊在山里必有蜷伏的处所，大抵在岩洞之间，人们称之为熊馆。熊到冬天时便进入冬眠，呵气成冰，封住洞口，仅留一个小孔，安静地卧伏于内，等到第二年春天才出来，《毛诗名物解》说："熊能吸引气，所以冬眠不吃东西。"我早年曾经猎获一只冬眠的熊，检验它的肠胃，其中干净没什么东西，知道不吃东西的说法是可信的。假如猎人不把它打死在洞中，熊跑出之后，即使是冬天也必须捕捉野兽而进食。凭这点也就悟得道家那些练静坐辟谷的人，能端坐两三天不进食也不饿的原因，就是靠食气内息的缘故。而如果与人应酬吃喝，就不能忍饥耐饿，这没有别的原因，而是气随音而动，动则气外泄而内部空虚了。张紫阳说：气全则生存。华佗的五禽戏来源于庄周所说的"嘘气呼吸、吐故纳新，熊经鸟伸、导引养形之术"都是各有来由的。

熊冬眠的原因

　　康熙帝在文中介绍熊为什么冬眠，并由此推广到道家的修炼和人的养生，这道理不完全正确。

　　缺乏食物是熊冬眠的主因，冬眠时熊的体温会下降约4度，心跳速率会减缓75%，熊冬眠时能量来源于自身脂肪的消耗。但是科学家研究发现熊冬眠脂肪燃烧时，新陈代谢会产生毒素。细胞会将这些毒素分解为无害的物质，再重新循环利用。人体内没有这种机制，如果毒素累积，人类会在一星期内死亡。这种生化作用也让熊可以回收体内的水分，因此在冬眠时不会排尿。如果食物充足，许多熊不会冬眠，反而会整个冬天都在狩猎。

鸟　舌

原典

　　凡鸟舌，皆附著下噱。有短如粒者，有及嘴之半者，有长与味齐者。其短者声浊而促；稍长者声亦转长；与味齐者其声圆转流丽，鸣亦能久，如黄鹂、百舌[1]、画眉、阿鹦之属是也。其舌之似人者，如鹦鹉、了哥[2]、松鸦，即可委曲其声以像人语，鹦鹆[3]舌似人而有岐，故必剪去之，而后可学人言。然率皆不过数语而止。《淮南子》所谓鹦鹉能言而不可使长言者，得其所言而不得其所以言也。此诸鸟舌，皆根于喉而藏于味，惟啄木之舌其根通于脑后，其尖逾引逾伸长，出于味寸余，树中虫蠹虽潜藏穴隙，皆伸其舌钩取之。又有一种蛇头鸟[4]，其颈项甚长，其舌亦如啄木，每为鹰鹞[5]击擒，辄伸其舌以刺，鹰鹞负痛，力一少纵，则逸而逝矣。此能以舌为用而不能鸣者，以其舌之太长也。《元命苞》曰：舌为言之达，人之舌短者言涩，舌长者音不正，理亦如是。

注释

　　①百舌：即乌鸫。

　　②了哥：现在写作鹩哥，又叫"秦吉了"。

　　③鹦鹆：就是八哥。

　　④蛇头鸟：大约是属于啄木鸟科的一种。

　　⑤鹰鹞：同属于鹰科的鸟类，鹞比鹰小。

译文

　　所有的鸟舌，都附着在口腔下部。有的短如米粒，有的有半个嘴那么长，有的和嘴一样长。舌短的鸣声浊而短促；舌稍长的鸣声也较长；舌和嘴一样长的，其鸣声圆转流利，鸣叫也能持久，如黄鹂、百舌、画眉、阿鹦等类就是这样的鸟。那些舌像人舌的，如鹦鹉、了哥、松鸦就能婉转曲折地发声，像人说话。鹩鸹的舌像人的舌但有分叉，所以必须剪去，然后才能学人说话。然而大体不过几句话而已。《淮南子》所说鹦鹉能说话而不能使其长久说话，这是只知道它们能说话而不知道它们为什么能说话的缘故。这些鸟的舌都是舌根在喉，而舌尖藏于嘴尖内。唯有啄木鸟之舌，其舌根通于脑后，舌尖越伸越长，长出于嘴尖一寸多。树中蠹虫等虽然潜藏于穴缝中，它都能伸出舌头钩取出来。还有一种蛇头鸟，脖颈很长，舌也像啄木鸟的舌，每当鹰鹞追击擒扑时就伸出舌头进行刺扎，鹰鹞受到疼痛，力稍一放松，蛇头鸟就逃脱飞去了。这种能使用舌头而不能鸣叫的鸟，是因为舌头太长了。《元命苞》说：舌是表达语言的。人的舌头短，说话语音不清；舌头长，说话语音不正。道理就是这样。

白头鸟

鸟舌的作用

　　康熙帝研究了各种鸟的舌头，并且指出了会叫的鸟与不会叫的鸟的舌头的区别，特别提了啄木鸟和蛇头鸟舌头的具体作用。

　　根据生物进化的研究，鸟的舌头主要是用来捕捉食物的。鸟的食物一般是虫子，鸟的舌头能分泌一种黏液粘住飞虫，但是根据食物的大小及生存环境的不同鸟的舌头呈现不同的特点。虽然有的鸟能发声，发声是为了呼朋引伴的交配或者是发现敌人后发出的警告，这都是舌头的辅助作用。而不能发出声的鸟有自己独特保护措施，鸟的舌头不只是为了鸣叫才存在的。

地中有火

原典

尝阅陆游①《老学庵笔记》云：南郑②见一军校，火山军③人也，言火山之南锄攫所及，烈焰应手涌出，故以火山名军。后人疑宋之火山军，为今岢岚州④地。但有火山之名，而无腾焰之事，遂谓其说为妄。不知此特地气有变易耳。今黑龙江及蒙古敖汉见有地中出火之处⑤，去土面一二寸炎光随起，接以引火之物，辄传焰而灼。土人耕种时，略耕反之，布种其上，不两三月即收获矣。盖地气极热，发生最速故也。先儒谓火行分寄于金木水土。《元命苞》曰：火之为言，委随也。谓随物而具也。朱子曰，金木水火体质属土。王逵谓火实生土，而土亦能生火。《山经》⑥所载"令邱腾火，诸薄炎山"，事亦有之，无足怪者。《地志》云：蜀川火井随处而发，久者百年，或数十年，光焰乃息。此又火随地气而聚散之一征也。

注释

① 陆游：号放翁（1125—1210），南宋政治家和文学家，《老学庵笔》十一卷，是他的著作之一。

② 南郑：古地名，就是现在的陕西汉中。

③ 火山军：宋代的行政区划，格地相当于今山西河曲、偏关两县，因其地有火山，故名火山军。

④ 岢岚州：治所在今山西岢岚。

⑤ 地中出火之处：可能是天然气的露出。

⑥ 《山经》：《山海经》的一部分。

译文

曾经阅览陆游《老学庵笔记》，其中说在南郑见一军校为火山军人，说火山之南，锄镐等触到山地上烈焰便应手而涌出，所以用火山命名军名。后人怀疑宋代的火山军是现在的岢岚州地方。可是那个地方只有火山之名，而无升腾火焰之事，因此就认为那个说法不对。而不知道这是由于地气有了变化。现在黑龙江和内蒙古敖汉见到地中有出火之处，离地一二寸，炎光随处发生，接上引火之物就传焰而灼热。当地人耕种时略微翻地播种其上，不到两三个月就能收获。这是由于地气极热，作物生长较快的缘故。古代学者说火行分别附寄于金行、木行、水行、土行。《元命苞》说："火之为言，委随也。"就是说火是随物而存在的。朱熹说金、木、水、火的体质属土。王逵认为火能产生土，而土也能生火。《山经》所记载的"令邱腾火，诸薄炎山"，这种事也是有的，没有什么可奇怪的。《地志》说：蜀州火井到处能够发生，时间长的有达百年或几十年，火焰才熄灭，这又是火随地气而聚散的一个证明。

地火之因

康熙帝在文中记叙了一种地火现象，并通过文献或者朱子的观点证明是一种地气所致，这也较符合朴素唯物主义的观点。

地火，又称地下煤火，是煤炭地层在地表下满足燃烧条件后产生自燃，或经其他渠道燃烧所形成的大规模地下燃烧发火。大部分燃烧的煤层，属于侏罗纪时代煤层，这个时代煤层特点是煤变质程度低，属于烟煤的初期，挥发及可燃成分多，自燃的燃点也低，所以容易燃烧成大面积的地火。地火形成后，地表和周围土地大范围内因温度极高导致生物无法生存，以及生物灭绝。同时，地火也消耗地下水，对地下结构产生很大的影响。以此看来康熙皇帝说的种庄稼之事未必可信。中国自燃煤层主要分布于北纬35°～45°之间的北方地区。新疆地区是中国乃至世界上煤田自燃灾害最严重的地区，内蒙古乌海地区的地下煤火，有着火区连着火区的特点，一燃皆燃。

禽鸟肫肚之别

原典

《蠡海集》云："飞禽为阳，皆食果谷，走兽为阴，皆食乌蒐。"此言殆未尽然。飞禽之中即有食生[①]食谷之异。其食生者，则有肚，如鹤、鹳、鸳、鹈、之类是也；食谷者则有肫[②]，如鹅、鸭、鸡、雀之类是也。《集韵》[③]云："肚，胃也。"肫、肚皆鸟之胃，以所食而分。故凡食生而兼食谷，食谷而兼食生者，其肫肚与专食谷食生者，又各少别。至于诸兽，如牛、羊、鹿、狍、麋之胃，则曰膍"，即肚之旁，俗所谓百叶者。《周礼》谓之膍析，"醢人"注云："膍[④]析，牛百叶也。"《字说》曰，牛羊等物食生草，故有百叶。夫牛羊何尝不食豆菽乎？其百叶亦非因食生草而有。大凡倒嚼之兽，皆有百叶。《尔雅》曰："牛曰龄，羊曰齝，麋鹿曰齸。"注云，龄，食之已久复出嚼之也。反刍出嚼曰齝。《说文》云："齸者，藏之粖中吐而嚼也。"是牛、羊、麋鹿皆倒嚼，故有百叶，以类推之，可知矣。又如熊罴之属，则兼食生物、蔬菜；猿猴之属则专食果谷；虎豹之属则非生物不食。走兽未尝不食果谷，而亦岂皆食乌蒿乎？昔人谓鸟兽得气之偏，五脏六腑不能备具，辨之甚详。而肫肚百叶之说，独未有发明之者，见其粗而不知其精也。惟人于饮食，亦有与藏腑不合者，少沾气味，即秒吐反逆，终身不能入口。此其肠胃之间，亦必有异处。《灵枢经》谓，五脏有大小、高下、坚脆，故饮食嗜好不齐。信哉言也。

注释

①生：后面也用过一次"生"，和现在的生物不同，而是仅指有生命能活动的动物。

②肫：禽类的胃。

③《集韵》：北宋的一部字典性质的著作。

④膍：牛的胃，即百叶。

译文

《蠡海集》云："飞禽为阳，都吃果谷，走兽为阴，都吃草料。"这种说法并不完全正确，飞禽之中就有吃生物吃果谷的差别，其中吃生物的则有肚，如鹤、鹳、鸳、鹈之类就是；吃果谷的则有肫，如鹅、鸭、鸡、雀之类就是。《集韵》说："肚，胃也。"肫、肚都是鸟的胃，以所吃东西来区分。所以凡是吃生物而又兼吃谷物，吃谷物又兼吃生物的鸟类，它们的肫肚与专吃谷物或专吃生物的鸟类，又各有少许不同。至于各种兽，如牛、羊、鹿、狍、麈等的胃，则叫膍，就是肚的旁侧，俗语叫作百叶。《周礼》称为膍析，"醢人"注云："膍析，牛百叶也。"《字说》中说：牛羊等物吃生草，所以有百叶。可是牛羊何尝不吃豆类呢？它们的百叶也不是由于吃生草而有。大凡倒嚼的兽类都有百叶。《尔雅》说："牛曰齝，羊曰齥，麋鹿曰齸。"注说，齝是吃进去很久再将食物倒出来咀嚼。反刍出咀嚼叫齥。《说文》说："齸者藏之粮中，吐而嚼也。"这样，牛、羊、麋鹿都倒嚼，因为有百叶，以此类推就可以知道了。又如熊罴之类，则兼吃生物、蔬菜；猿猴之类，则专吃果谷；虎豹之类，则非生物不吃。走兽未尝不吃果谷，而又岂能都吃草料呢？古人说鸟兽得到气的偏锋，五脏六腑不能都齐备，讨论得很详细。但是唯独关于肫肚百叶之说没有阐明，只是见到个大概而不知精深。就是人对于饮食也有与脏腑不合的，稍微嗅到什么气味就呕吐反逆，这种东西一辈子不能入口，这是他的肠胃间也必有异常的地方。《灵枢经》说，五脏有大小、高下、坚脆，因此饮食嗜好不同，这种说法是可信的。

动物胃的区别

康熙帝在文中重点论述了各种食草动物、食肉动物、杂食动物的胃的区别，得出胃的不同决定食料的不同的结论。

现在生物学家搞清楚了动物胃的区别。植物性动物的胃有单胃和多胃之分，肉性动物只有单胃。植物性动物的消化道比肉食动物长，盲肠发达，盲肠中有消化酶，有助于消化植物纤维。植食动物的盲肠有消化和吸收功能，而肉食动物的盲肠只有吸收功能。牛类反刍动物，与其他的家畜不同，最大的特点是有瘤胃、网胃（蜂巢胃）、瓣胃三胃（百叶胃，俗称牛百叶）和皱胃。前三个胃里面一般没有胃腺，不分泌胃液，统称为前胃。第四个胃有胃腺，能分泌消化液，与猪和人的胃类似，所以也叫真胃。牛所食入的粗饲料主要靠瘤胃内的微生物发酵分解成可吸收、利用的物质。

康熙亲语论学习

《康熙几暇格物编》之中有"朕临揽六十年"一语，可知书成于康熙暮年，联想到他从少年起随南怀仁学习，不得不发出"活到老学到老"的感叹。另外，书中屡见"一日循行阡陌……忽见……因收藏其种""尝记验风候""朕每测量""朕时北巡，亲履其地"等语句，证明这些知识不是靠纸面得来，而是经过康熙亲身实验、观察、测量而获得的，即使一时无法做到，也会"询之使臣"，向熟悉的人请教，这种态度十分值得今人学习。

康熙御笔